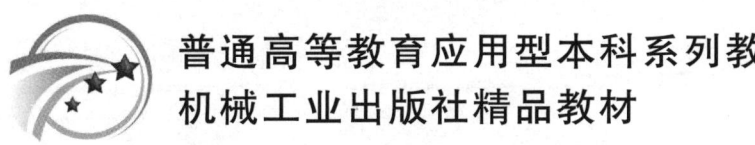

普通高等教育应用型本科系列教材

机械工业出版社精品教材

工程制图与 AutoCAD 习题集

第 3 版

主　编　胡建生
副主编　刘胜永　黄　艳
参　编　马英强　肖玉东
主　审　史彦敏

机 械 工 业 出 版 社

本书是为胡建生主编的《工程制图与AutoCAD》（第3版）配套而编写的。本次修订进一步拓展了教辅资源，配有《（本科）工程制图与CAD教学软件（AutoCAD版）》和《（本科）工程制图与CAD教学软件（CAXA版）》，其内容与纸质教材无缝对接，可人机互动，完全可以替代教学模型和挂图；配套习题集配置教师备课、讲解习题和学生参考用三种答案；教师掌控所有习题答案的二维码；《电子教案》方便教师备课；3套Word格式的《模拟试卷》《试卷答案》及《评分标准》等，使本书成为名副其实的立体化制图教材。本书全面采用在2022年10月之前颁布实施的制图国家标准和相关标准。

使用本书作为教材的教师，均可登录机械工业出版社教育服务网（http://www.cmpedu.com），注册后免费下载配套资源，咨询电话：010-88379375。

本书可作为应用型本科、职业本科、高职高专的工科非机械类专业及成人高等院校的工程制图教材，也可供各类工程制图培训班师生及工程技术人员使用或参考。

图书在版编目（CIP）数据

工程制图与AutoCAD习题集／胡建生主编. --3版.
北京：机械工业出版社，2024.9（2025.7重印）. --（普通高等教育应用型本科系列教材）（机械工业出版社精品教材）.
ISBN 978-7-111-76471-7

Ⅰ. TB237-44
中国国家版本馆CIP数据核字第20247MP957号

机械工业出版社（北京市百万庄大街22号　邮政编码100037）
策划编辑：王英杰　　　　　　责任编辑：王英杰
责任校对：李　婷　宋　安　　封面设计：鞠　杨
责任印制：单爱军
北京联兴盛业印刷股份有限公司印刷
2025年7月第3版第3次印刷
370mm×260mm·10.5印张·256千字
标准书号：ISBN 978-7-111-76471-7
定价：35.00元

电话服务　　　　　　　　　网络服务
客服电话：010-88361066　　机　工　官　网：www.cmpbook.com
　　　　　010-88379833　　机　工　官　博：weibo.com/cmp1952
　　　　　010-68326294　　金　书　网：www.golden-book.com
封底无防伪标均为盗版　机工教育服务网：www.cmpedu.com

前 言

本书是为胡建生主编的《工程制图与 AutoCAD》（第 3 版）配套而编写的，本书可作为应用型本科、职业本科和高职高专工科非机类专业及成人高等院校的工程制图教材，也可供各类工程制图培训班师生及工程技术人员使用或参考。

本书具备以下特点：

1) 本书的基本架构保持不变，主要对习题集中的部分内容和配套资源进行了修改、更新、补充和完善。依旧注重基本内容的介绍，尽量降低学生学习"工程制图"的难度，突出读图能力的训练。

2) 增加了有关国家标准基本规定的问答题。为避免一般制图考试偏重补视图、补漏线，忽视制图国家标准基本规定的问题，在习题集中增加了 52 道填空题和选择题，既可作为学生的练习题，也为教师出考题提供方便。

3) 更新了国家标准。《技术制图》和《机械制图》《建筑制图》《电气制图》国家标准是绘制工程图样和制定制图教学内容的根本依据。凡在 2022 年 10 月之前颁布实施的制图国家标准和相关标准，全部在本书中予以贯彻执行，充分体现了本书的先进性。

4) 进一步提高习题集的插图质量。在修订过程中，插图中的各种线型、符号等，严格按照国家标准的规定绘制；所有插图全部重新处理或重新修饰，确保图例规范、清晰，进一步提高版面的质量和美感。

5) 为习题集配置了以下三种答案：

① 教师备课用习题答案。为便于教师备课，提供一整套 PDF 格式、只有结果的习题答案。

② 教师讲解习题用答案。根据不同题型，将所有习题的答案，处理成单独答案、包含解题步骤的答案、配置三维模型、轴测图、动画演示等不同形式，教师在课堂教学中可随机打开某一道题的答案，结合三维模型进行讲解、答疑。

③ 学生参考用习题答案。每道题都至少对应一个二维码，共配有 592 个二维码，其中 243 个类似微课讲解的二维码（即一题双码）。将二维码交由任课教师掌控。教师可根据教学的实际状况，将某道题的二维码发送给任课班级的群或某个学生，学生扫描二维码即可看到解题步骤或答案，以减轻学生的学习负担。

本书中每道习题题号后标有符号▣的，表示此题配有单独答案的二维码；标有符号◉的，表示此题配有带讲解配音的二维码；同时标有两种符号的，表示一题双码。

6) 进一步拓展了教辅资源。为方便教师使用，提供两种版本的教学软件，即《（本科）工程制图与 CAD 教学软件（AutoCAD 版）》和《（本科）工程制图与 CAD 教学软件（CAXA 版）》；PDF 格式的《习题答案》；所有习题答案的二维码；PDF 格式的《电子教案》；3 套 Word 格式的《模拟试卷》《试卷答案》及《评分标准》等。《（本科）工程制图与 CAD 教学软件》是助教工具，按照讲课思路为任课教师设计。软件中的内容与教材无缝对接，完全可以取代教学模型和挂图。教学软件具备以下主要功能：

① "死图"变"活图"。将教材中的平面图形按 1∶1 的比例建立精确的三维实体模型。通过 eDrawings 公共平台，可实现三维实体模型不同角度的观看；六个基本视图和轴测图之间的转换；三维实体模型的剖切；三维实体模型和线条图之间的转换；装配体的爆炸、装配、运动仿真等功能，将教材中的"死图"变成了可由人工控制的"活图"。

② 调用绘图软件边讲边画，实现师生互动。对教材中需要讲解的例题，已预先链接在教学软件中，任课教师可根据自己的实际情况，选择不同版本的教学软件边讲边画，进行正确与错误的对比分析等，彻底摆脱画板图的烦恼。

③ 讲解习题。将习题集中每道题的答案单独列出，方便教师在课堂上任选某道题讲解、答疑，减轻任课教师的教学负担。

④ 调阅教材附录。将教材中需查表的附录逐项分解，分别链接在教学软件的相应位置，任课教师可直观地带领学生查阅教材附录。

本书的所有配套资源都在《（本科）工程制图与 CAD 教学软件》文件夹中。使用本书的教师可登录机械工业出版社教育服务网（http://www.cmpedu.com），注册后免费下载本书的配套资源。咨询电话：010-88379375。

参加本书编写的人员及分工：胡建生（编写第一章、第二章、第三章、第四章）、黄艳（编写第五章、第六章）、马英强（编写第七章、第八章）、肖玉东（编写第九章、第十章、第十一章）、刘胜永（编写第十二章）。全书由胡建生教授统稿。《（本科）工程制图与 CAD 教学软件》由胡建生、刘胜永、马英强、黄艳、肖玉东设计制作。

本书由史彦敏教授主审。参加审稿的还有武海滨教授、贾芸教授、张玉成副教授。参加审稿的各位老师对初稿进行了认真、细致的审查，提出了许多宝贵意见和建议，在此表示衷心感谢。

欢迎任课教师和广大读者批评指正，并将意见或建议反馈给我们（主编 QQ：1075185975；责任编辑 QQ：365891703）。

编　者

目　录

前　言
第一章　制图的基本知识和技能 …………………………………………………………………… 1
第二章　投影基础 …………………………………………………………………………………… 10
第三章　组合体 ……………………………………………………………………………………… 19
第四章　轴测图 ……………………………………………………………………………………… 34
第五章　图样的基本表示法 ………………………………………………………………………… 37
第六章　图样中的特殊表示法 ……………………………………………………………………… 50
第七章　零件图 ……………………………………………………………………………………… 57
第八章　装配图 ……………………………………………………………………………………… 67
第九章　金属焊接图 ………………………………………………………………………………… 72
第十章　建筑施工图 ………………………………………………………………………………… 75
第十一章　电气专业制图 …………………………………………………………………………… 76
第十二章　AutoCAD Mechanical 软件的基本操作及应用 ……………………………………… 77
参考文献 ……………………………………………………………………………………………… 80

第一章　制图的基本知识和技能

1-1　填空选择题

班级　　　姓名　　　学号

1-1-1　填空题。

（1）将 A0 幅面的图纸裁切三次，应得到（　　）张图纸，其幅面代号为（　　）。

（2）要获得 A4 幅面的图纸，需将 A0 幅面的图纸裁切（　　）次，可得到（　　）张图纸。

（3）A4 幅面的尺寸（B×L）是（　　×　　）；A3 幅面的尺寸（B×L）是（　　×　　）。

（4）用放大一倍的比例绘图，在标题栏的"比例"栏中应填写（　　）。

（5）1∶2 是放大比例还是缩小比例？（　　）

（6）若采用 1∶5 的比例绘制一个直径为 φ40mm 的圆时，其绘图直径为（　　）mm。

（7）国家标准规定，图样中汉字应写成（　　）体，汉字字宽约为字高 h 的（　　）倍。

（8）字体的号数，即字体的（　　）。"4"号是国家标准规定的字高吗？（　　）

（9）国家标准规定，可见轮廓线用（　　）表示；不可见轮廓线用（　　）表示。

（10）在机械图样中，粗线和细线的线宽比例为（　　）。

（11）在机械图样中一般采用（　　）作为尺寸线的终端。

（12）机械图样中的角度尺寸一律（　　）方向注写。

1-1-2　选择题。

（13）制图国家标准规定，图纸幅面尺寸应优先选用（　　）种基本幅面尺寸。

　　A. 3　　　　　B. 4　　　　　C. 5　　　　　D. 6

（14）制图国家标准规定，必要时图纸幅面尺寸可以沿（　　）边加长。

　　A. 长　　　　B. 短　　　　C. 斜　　　　D. 各

（15）某产品用放大一倍的比例绘图，在其标题栏"比例"栏中应填（　　）。

　　A. 放大一倍　　B. 1×2　　　C. 2/1　　　D. 2∶1

（16）绘制机械图样时，应采用机械制图国家标准规定的（　　）种图线。

　　A. 7　　　　　B. 8　　　　　C. 9　　　　　D. 10

（17）机械图样中常用的图线线型有粗实线、（　　）、细虚线、细点画线等。

　　A. 轮廓线　　B. 边框线　　C. 细实线　　D. 轨迹线

（18）在绘制图样时，其断裂处的分界线，一般采用国家标准规定的（　　）线绘制。

　　A. 细实　　　B. 波浪　　　C. 细点画　　D. 细双点画

1-1-3　选择题。

（19）制图国家标准规定，字体高度的公称尺寸系列共分为（　　）种。

　　A. 5　　　　　B. 6　　　　　C. 7　　　　　D. 8

（20）制图国家标准规定，字体的号数，即字体的高度，单位为（　　）米。

　　A. 分　　　　B. 厘　　　　C. 毫　　　　D. 微

（21）制图国家标准规定，字体高度的公称尺寸系列为 1.8、2.5、3.5、5、（　　）、10、14、20。

　　A. 6　　　　　B. 7　　　　　C. 8　　　　　D. 9

（22）制图国家标准规定，汉字要书写更大的字，字高应按（　　）比率递增。

　　A. 3　　　　　B. 2　　　　　C. $\sqrt{3}$　　　D. $\sqrt{2}$

（23）图样中数字和字母分为（　　）两种字型。

　　A. 大写和小写　B. 简体和繁体　C. A 型和 B 型　D. 中文和英文

（24）制图国家标准规定，字母写成斜体时，字头向右倾斜，与水平基准成（　　）角。

　　A. 60°　　　　B. 75°　　　　C. 120°　　　D. 135°

1-1-4　选择题。

（25）零件的每一尺寸，一般只标注（　　），并应注在反映该结构最清晰的图形上。

　　A. 一次　　　B. 二次　　　C. 三次　　　D. 四次

（26）机械零件的真实大小应以图样上（　　）为依据，与图形的大小及绘图的准确度无关。

　　A. 所注尺寸数值　B. 所画图样形状　C. 所标绘图比例　D. 所加文字说明

（27）机械图样上所注的尺寸，为该图样所示零件的（　　），否则应另加说明。

　　A. 留有加工余量尺寸　B. 最后完工尺寸　C. 加工参考尺寸　D. 有关测量尺寸

（28）标注圆的直径尺寸时，一般（　　）应通过圆心，箭头指到圆弧上。

　　A. 尺寸线　　B. 尺寸界线　　C. 尺寸数字　　D. 尺寸箭头

（29）标注（　　）尺寸时，应在尺寸数字前加注直径符号 φ。

　　A. 圆的半径　B. 圆的直径　C. 圆球的半径　D. 圆球的直径

（30）1 毫米（mm）等于（　　）。

　　A. 100 丝米（dmm）　B. 100 忽米（cmm）　C. 100 微米（μm）　D. 1000 微米（μm）

1-2 尺规图作业——线型练习

№1 作业指导书

一、作业目的
(1) 熟悉主要线型的规格，掌握图框及标题栏的画法。
(2) 练习使用绘图工具。

二、内容与要求
(1) 按教师指定的图例，抄画图形。
(2) 用 A4 图纸，竖放，不注尺寸，比例为 1∶1。

三、作图步骤
(1) 画底稿（用 2H 或 3H 铅笔）。
① 画图框及对中符号。
② 在右下角画标题栏（见教材图 1-5）。
③ 按图例中所注的尺寸，开始作图。
④ 校对底稿，擦去多余的图线。
(2) 铅笔加深（用 HB 或 B 铅笔）。
① 画粗实线圆、细虚线圆和细点画线圆。
② 依次画出水平方向和垂直方向的直线。
③ 画 45°的斜线，斜线间隔约 3mm（目测）。本书文字叙述和图例中的尺寸单位均为毫米（mm）。
④ 用长仿宋体字填写标题栏（参见下图）。

四、注意事项
(1) 绘图前，预先考虑图例所占的面积，将其布置在图纸有效幅面（标题栏以上）的中心区域。
(2) 粗实线宽度采用 0.7mm。细虚线每一小段长度为 3～4mm，间隙约为 1mm；细点画线每段长度为 15～20mm，间隙及作为点的短画共约为 3mm；细虚线和细点画线的线段与间隔，在画底稿时就应正确画出。
(3) 箭头的尾部宽约为 0.7mm，箭头长度约为 4mm。
(4) 加深时，圆规的铅芯应比画直线的铅笔软一号。

五、图例（下方）

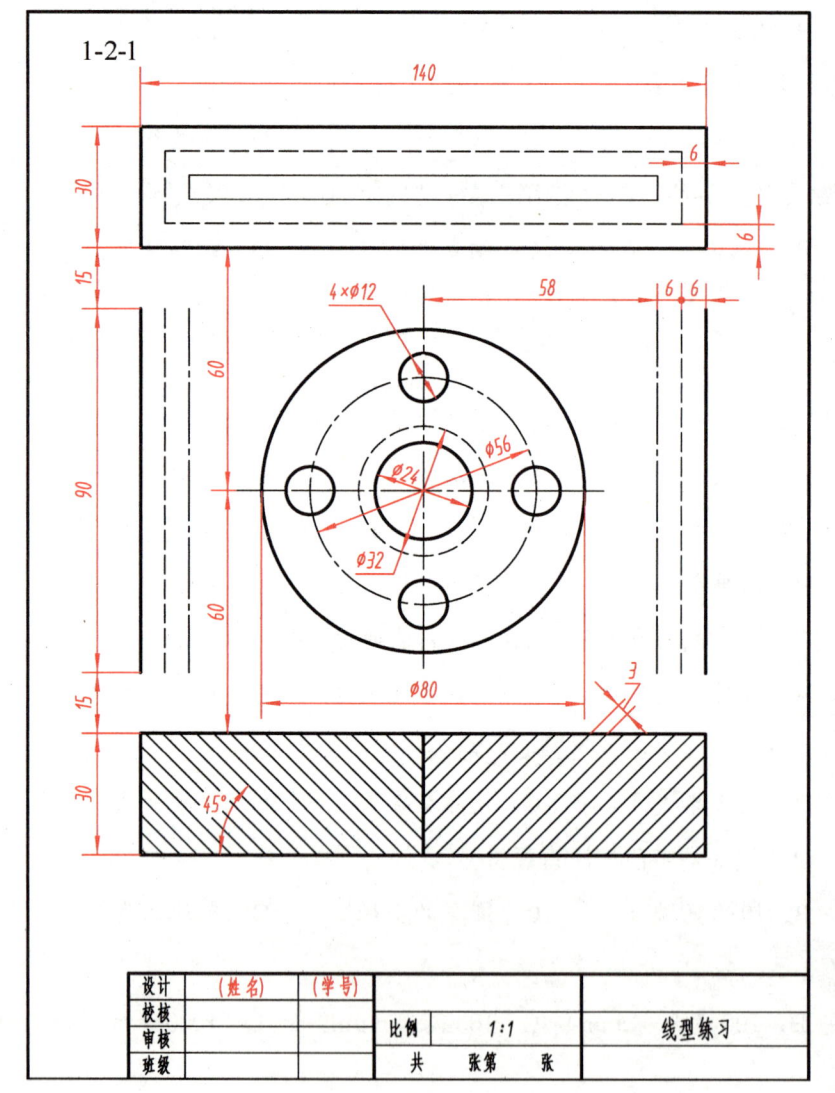

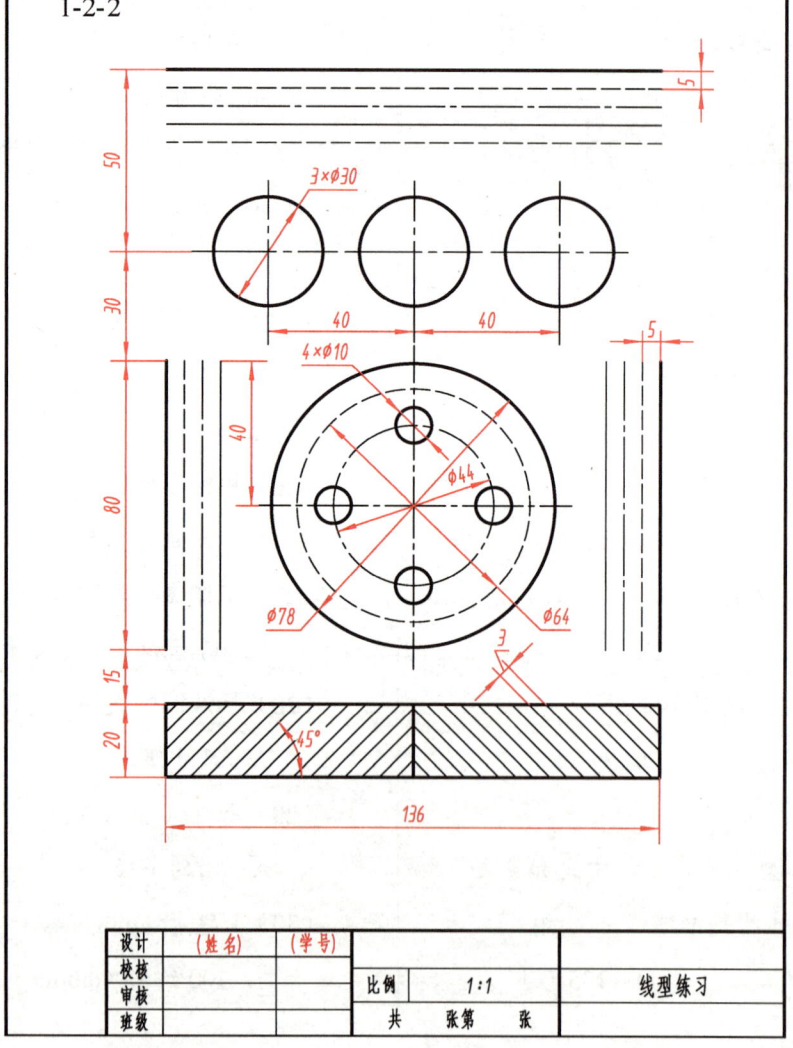

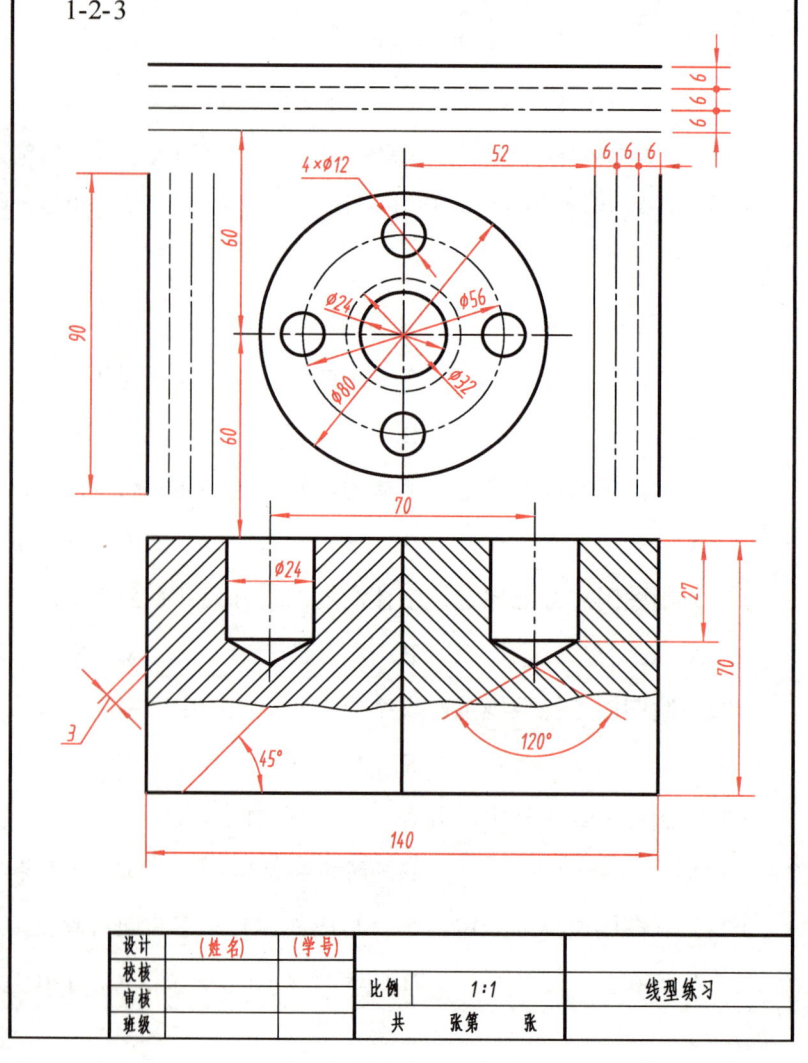

1-3 选择填空

1-3-1 选择题。

（1）机械图样中的尺寸一般以（　　）为单位时，不需标注其计量单位符号，若采用其他计量单位时必须标明。

A. m　　B. dm　　C. cm　　D. mm

（2）国家标准规定，标注板状零件厚度时，必须在尺寸数字前加注厚度符号（　　）。

A. δ　　B. R　　C. t　　D. k

（3）写出 m（　　）和 mm（　　）单位符号的名称。

A. 米　　B. 分米　　C. 厘米　　D. 毫米

（4）360μm=（　　）cmm=（　　）mm。

A. 0.036　　B. 0.36　　C. 3.6　　D. 36

（5）双折线的几种画法中，（　　）是国际上通用且为我国现行标准所采用的画法。

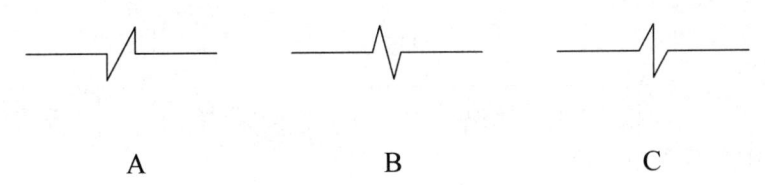

A　　　　B　　　　C

（6）根据标题栏的方位和看图方向的规定，判断下列图幅哪种格式是正确的(在字母符号上画√)。

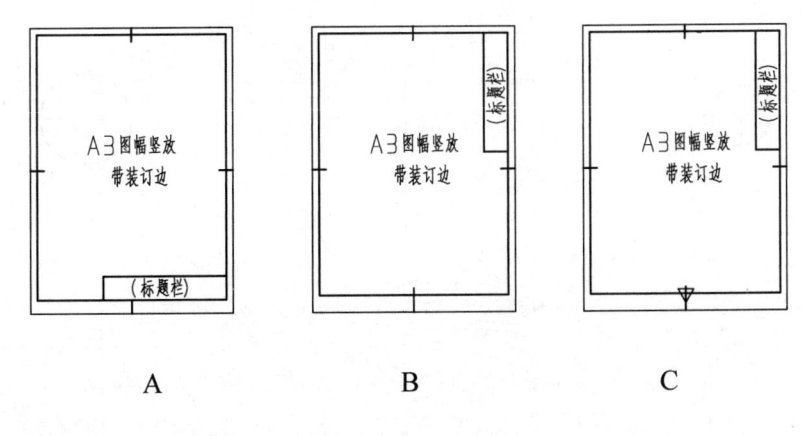

1-3-2 下列图形绘图比例不同，判断其尺寸标注是否正确（在正确的字母符号上画√）。

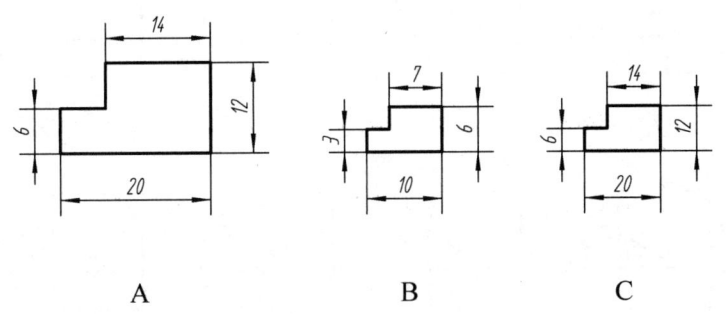

A　　　　B　　　　C

1-3-3 下列图形绘图比例不同（用尺量一量），判断其尺寸标注是否正确（在正确的字母符号上画√）。

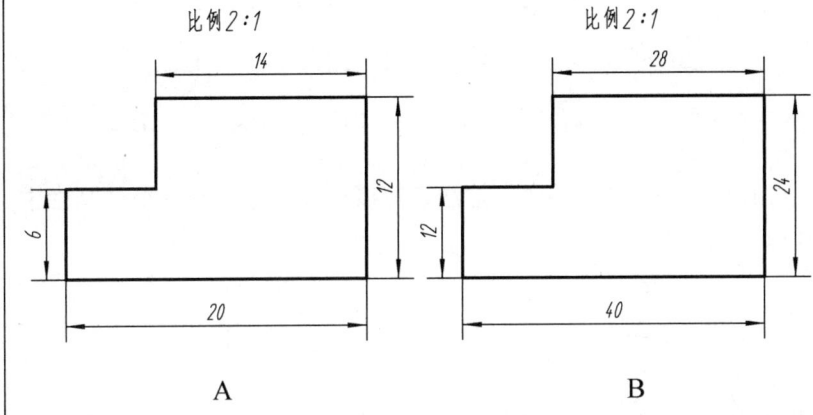

A　　　　　　B

1-3-4 下列两图尺寸标注哪一个是错误的？指出错误原因。

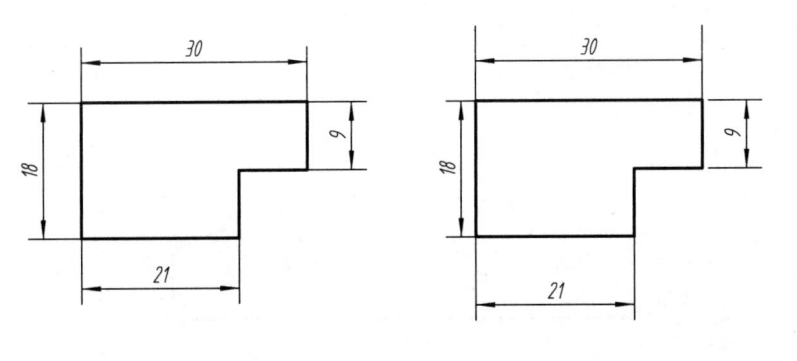

① 尺寸界线画的过长。　　② 尺寸界线未与轮廓线接触。
③ 尺寸线与轮廓线距离过大。　　④ 尺寸线与轮廓线距离过小。

1-3-5 图中哪个尺寸标注符合标准规定？（在字母符号上画√）。

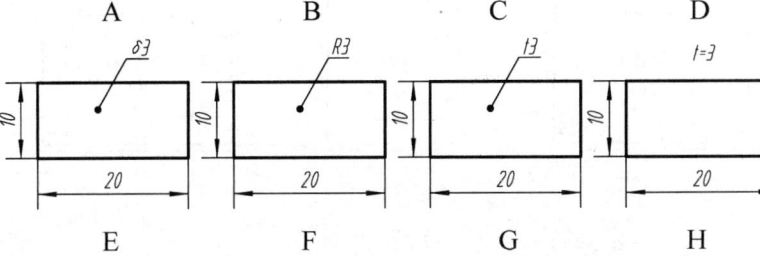

A　　B　　C　　D

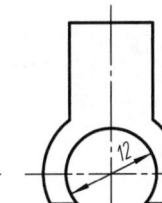 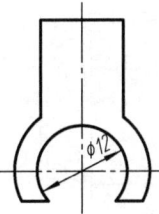

E　　F　　G　　H

1-3-6 图中的哪个尺寸标注是正确的？（在字母符号上画√）。

A　　B　　C　　D

1-3-7 找出直径标注"错误"图例中的错误之处，说明其错误原因。

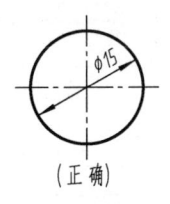 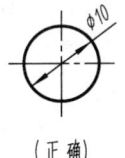  

（正确）　（正确）　（正确）　（正确）

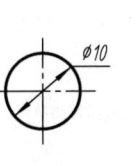 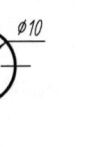 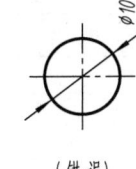

（错误）　（错误）　（错误）　（错误）

1-4 选择填空；注尺寸

1-4-1 选择题；标注尺寸。

1-4-1-1 根据标题栏的方位和看图方向的规定，判断下列图幅哪种格式是正确的(在字母符号上画√)。

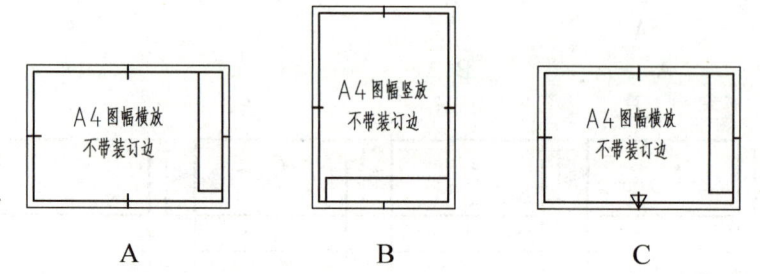

1-4-1-2 根据标题栏的方位和看图方向的规定，判断下列图幅哪种格式是正确的(在字母符号上画√)。

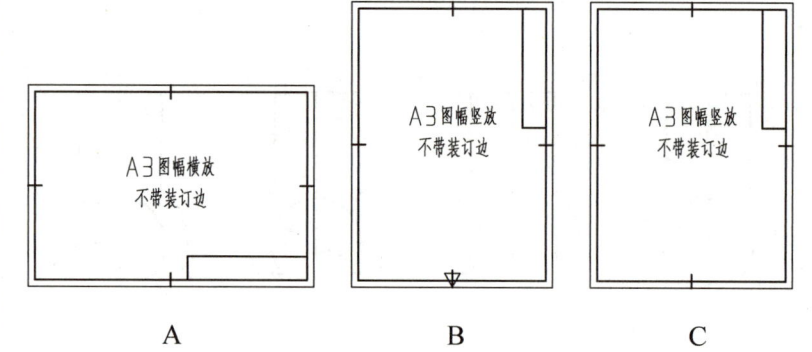

1-4-1-3 按国家标准规定，注出幅面尺寸、装订边宽度和其他留边宽度。

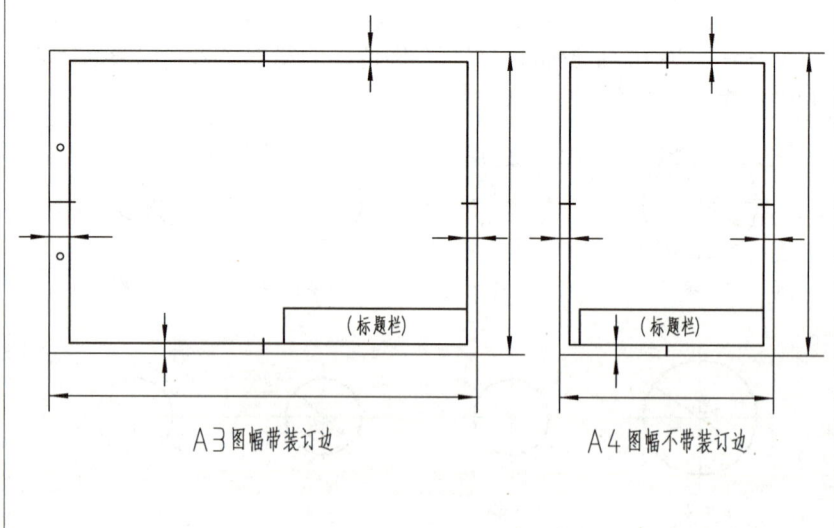

1-4-2 判断角度标注是否正确（正确的在字母符号上画"√"，在错误的部位画"○"）。

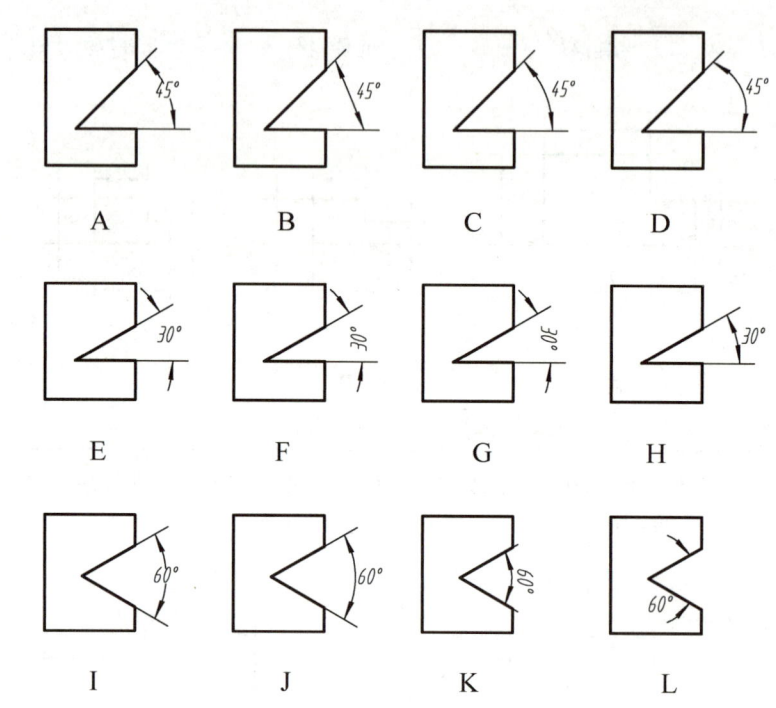

1-4-3 按1∶1的比例标注直径或半径尺寸，尺寸数值从图中量取整数。

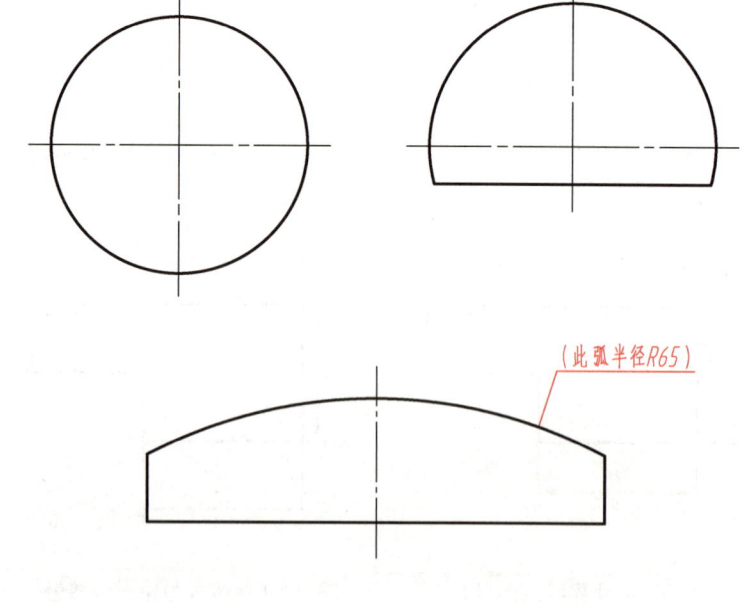

1-4-4 判断半径标注是否正确（正确的在字母符号上画"√"，在错误的部位画"○"）。

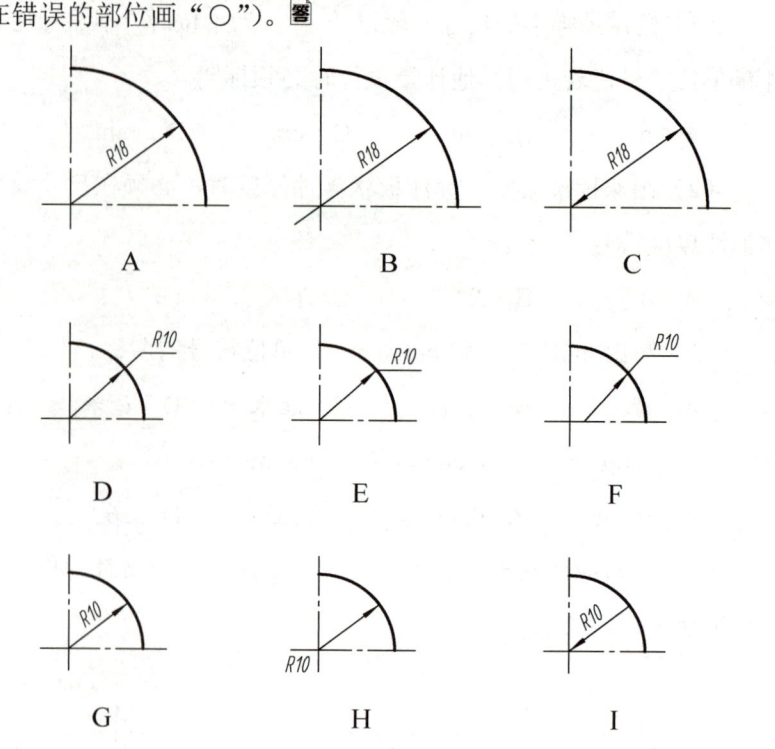

1-4-5 按1∶1的比例标注径向尺寸或线性尺寸，尺寸数值从图中量取整数。

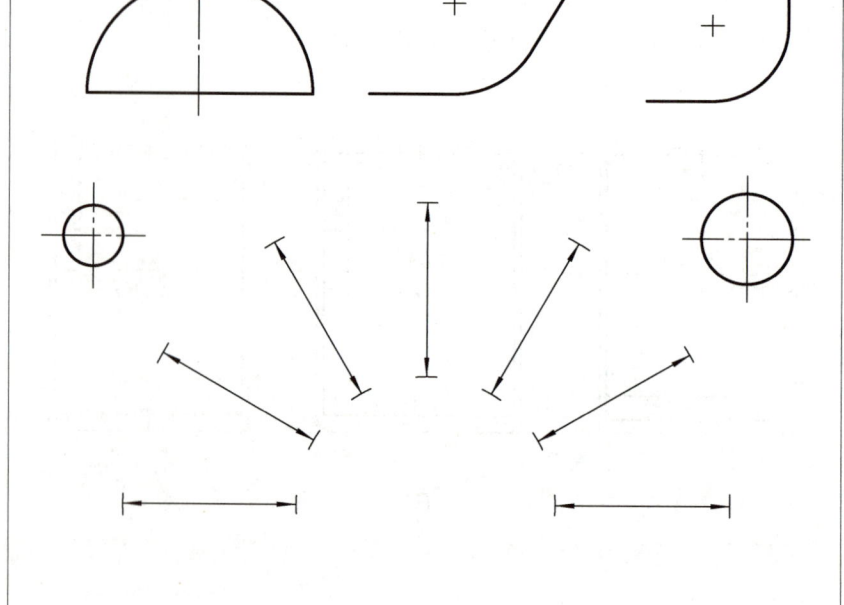

1-5 尺寸注法练习　　　　　　　　　　　　　　　　　　　　　　　　　班级　　姓名　　学号

1-5-1　按1∶1的比例标注尺寸,尺寸数值从图中量取整数。
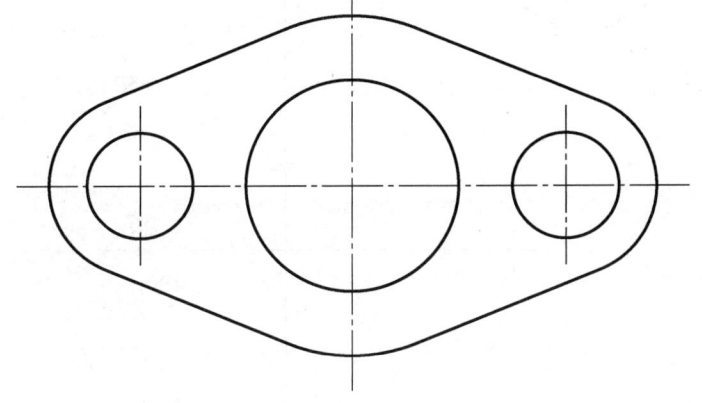

1-5-2　按1∶1的比例标注尺寸,尺寸数值从图中量取整数。
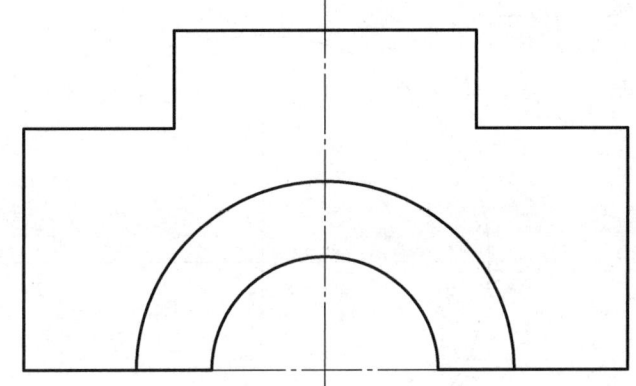

1-5-3　按1∶1的比例标注尺寸,尺寸数值从图中量取整数。
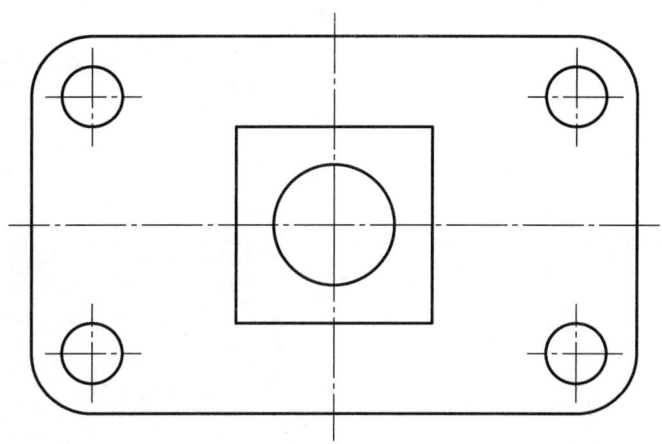

1-5-4　按1∶1的比例标注尺寸,尺寸数值从图中量取整数。
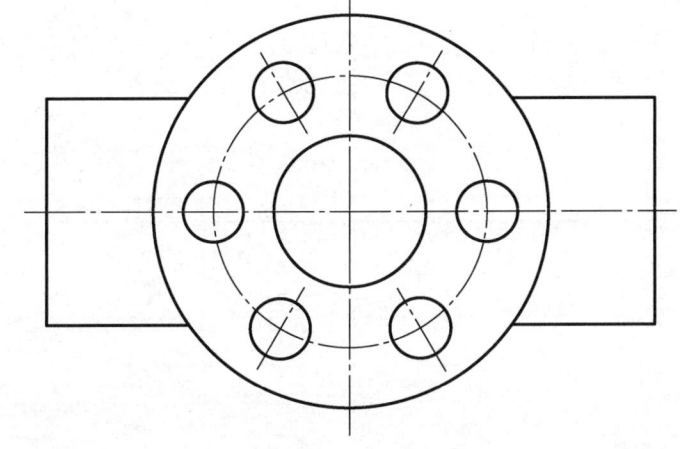

1-5-5　按1∶1的比例标注尺寸,尺寸数值从图中量取整数。
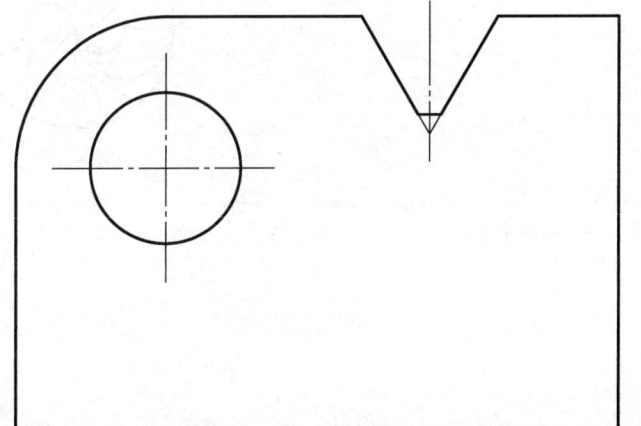

1-5-6　按1∶1的比例标注尺寸,尺寸数值从图中量取整数。
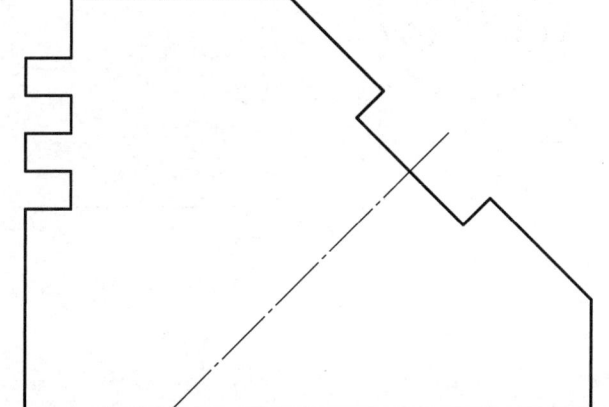

1-6 等分作图；按 1∶1 的比例作图并标注尺寸   班级   姓名   学号

1-6-1 将直线 AB 五等分；以 CD 为底边作正三角形。

1-6-2 利用圆（分）规作内接正三角形，顶点在正上方。

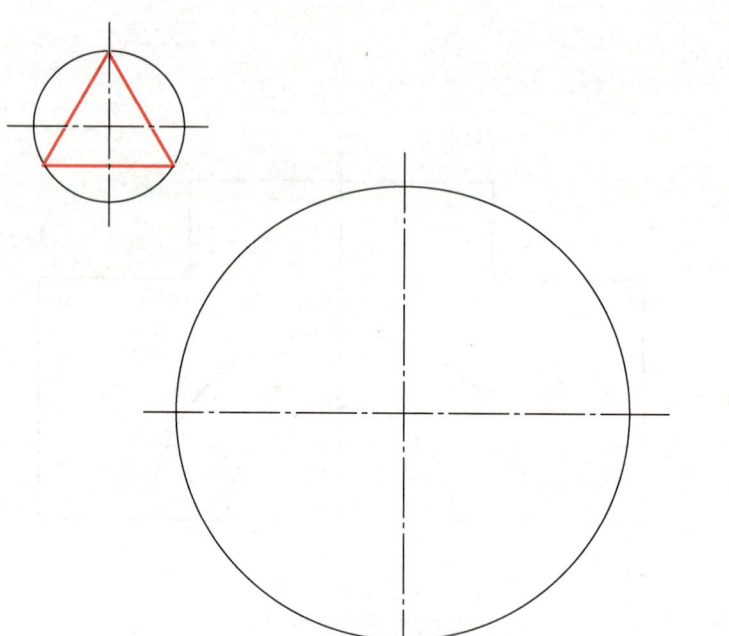

1-6-3 利用圆（分）规作内接正六边形，顶点在正上方。

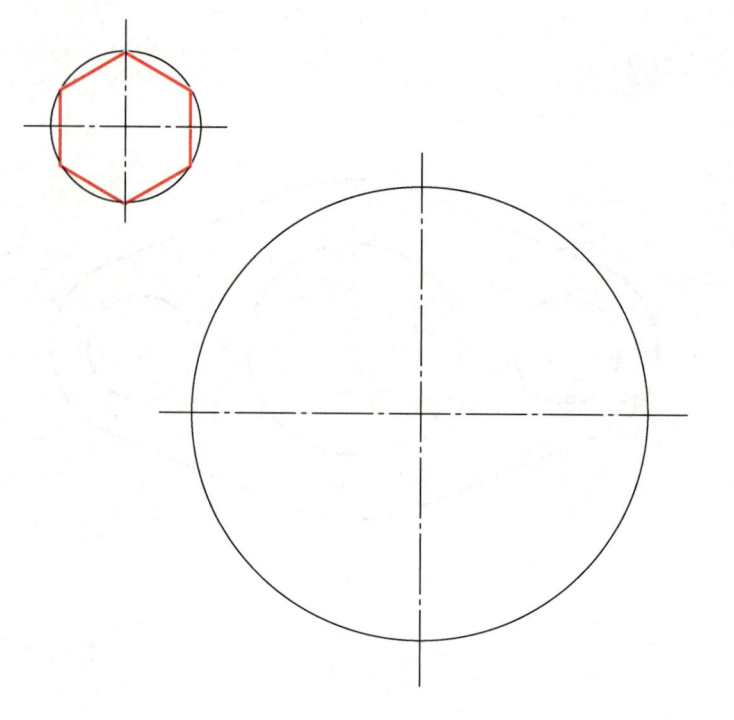

1-6-4 根据图例中给定的尺寸，按 1∶1 的比例画出图形，并标注尺寸。

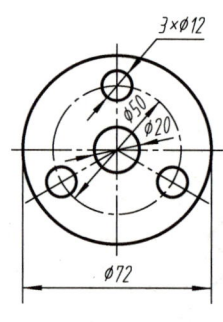

1-6-5 根据图例中给定的尺寸，按 1∶1 的比例画出图形，并标注尺寸。

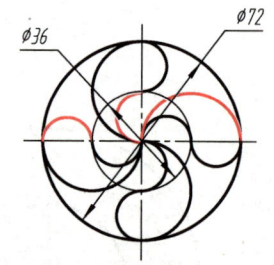

6

1-7 圆弧连接

1-7-1 按 1∶1 的比例完成下面的图形，保留求连接弧圆心和连接点（切点）的作图线。

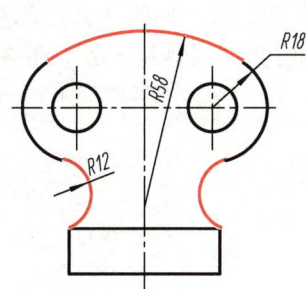
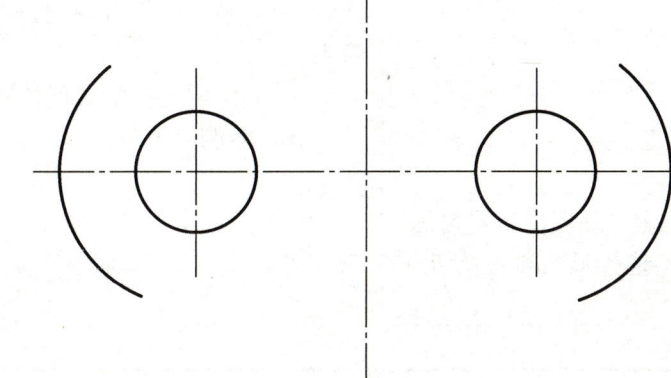

1-7-2 按 1∶1 的比例完成下面的图形，保留求连接弧圆心和连接点（切点）的作图线。

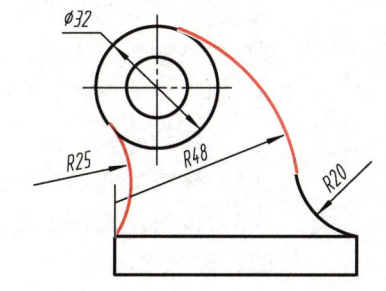
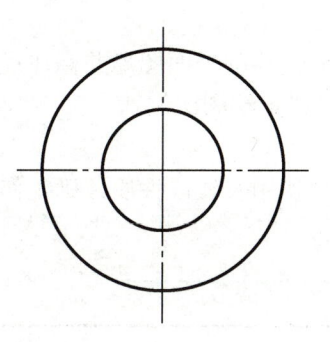
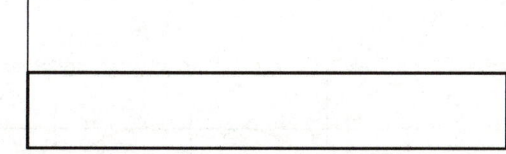

1-7-3 按 1∶1 的比例完成下面的图形，保留求连接弧圆心和连接点（切点）的作图线。

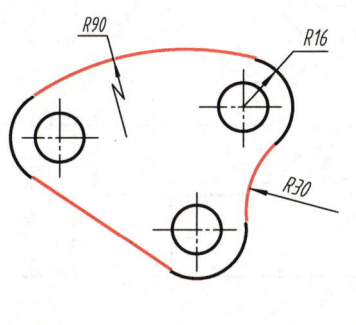
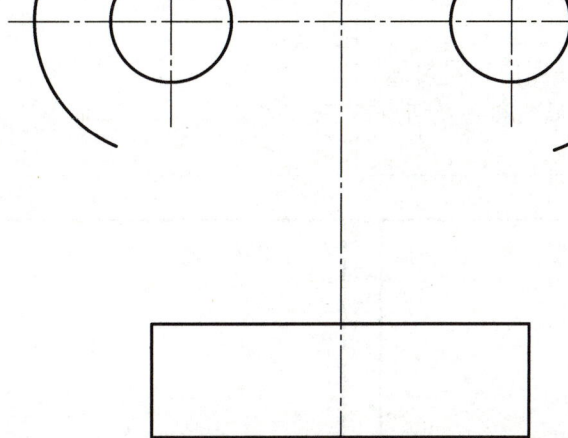
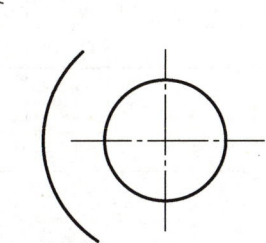
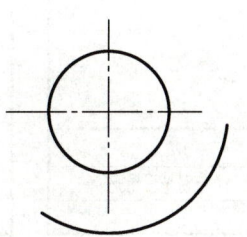

1-7-4 按 1∶1 的比例完成下面的图形，保留求连接弧圆心和连接点（切点）的作图线。

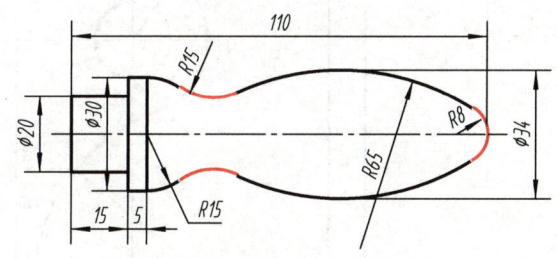
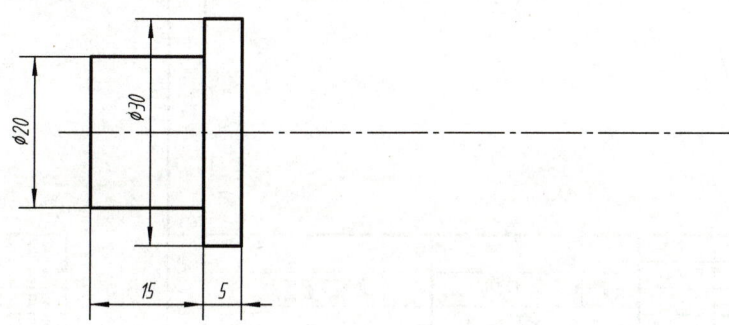

1-8 尺规图作业——绘制平面图形

№2 作业指导书

一、作业目的
（1）熟悉平面图形的绘图步骤和尺寸注法。
（2）掌握线段连接的作图方法和技巧。

二、内容与要求
（1）按教师指定的题号，绘制平面图形并标注尺寸。
（2）用 A4 图纸，自己选定绘图比例。

三、作图步骤
（1）分析图形中的尺寸作用及线段性质，确定作图步骤。
（2）画底稿。
① 画图框、对中符号和标题栏。
② 画出图形的基准线、对称中心线等。
③ 按已知弧、中间弧、连接弧的顺序，画出图形。
④ 画出尺寸界线、尺寸线。
（3）检查底稿，描深图形。
（4）标注尺寸，填写标题栏。
（5）校对，修饰图面。

四、注意事项
（1）布置图形时，应留足标注尺寸的位置，使图形布置匀称。
（2）画底稿时，作图线应细淡而准确，连接弧的圆心及切点要准确。
（3）加深时必须细心，按"先粗后细，先曲后直，先水平后垂直、倾斜"的顺序绘制，尽量做到同类图线规格一致、连接光滑。
（4）箭头应符合规定，并且大小一致。不要漏注尺寸或漏画箭头。
（5）作图过程中要保持图面清洁。

五、图例（下方）

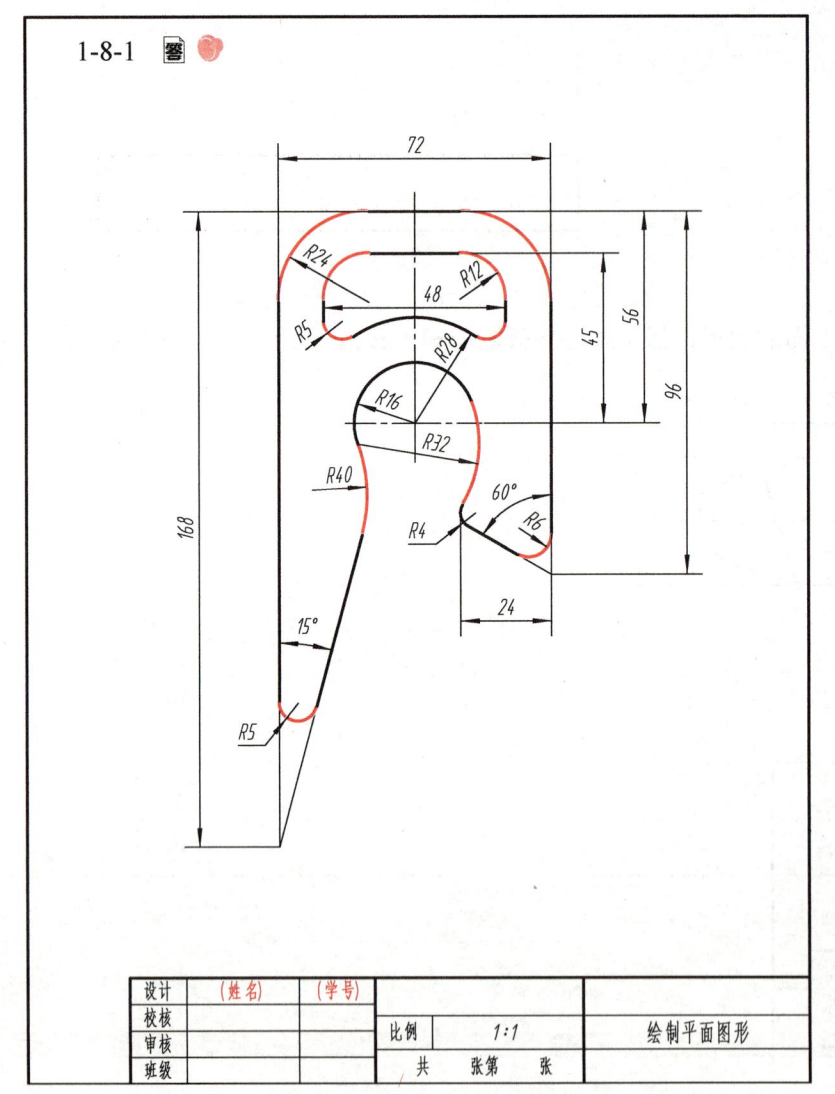

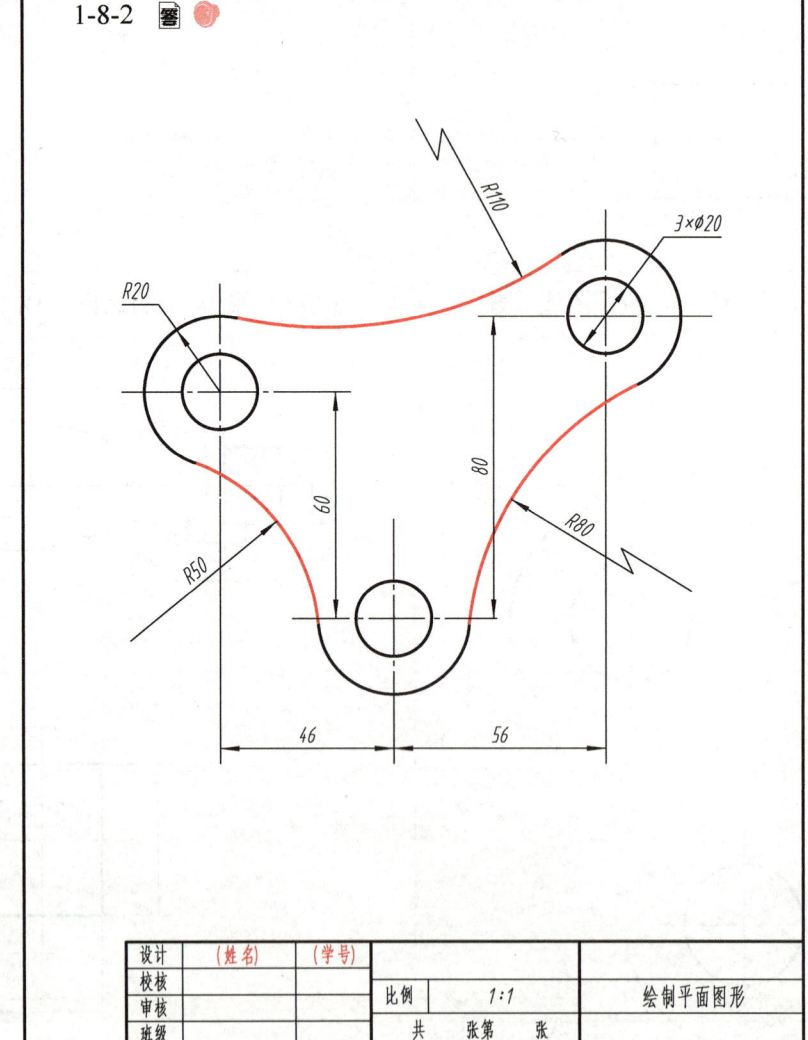

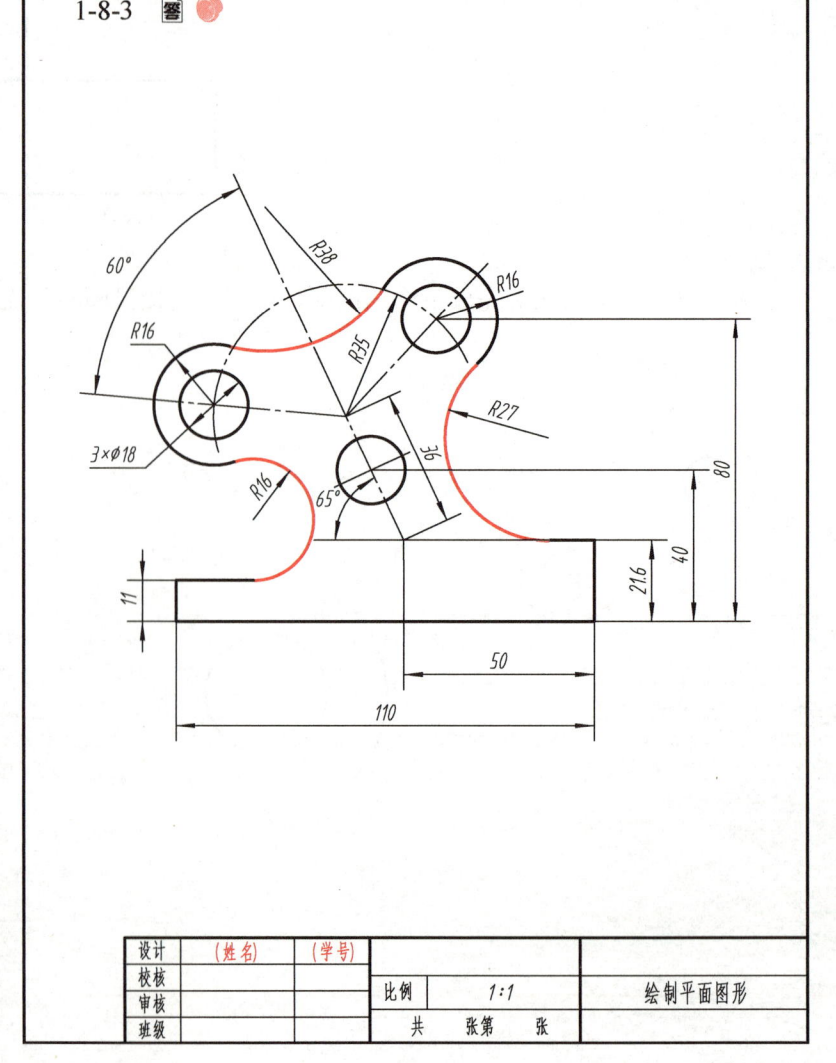

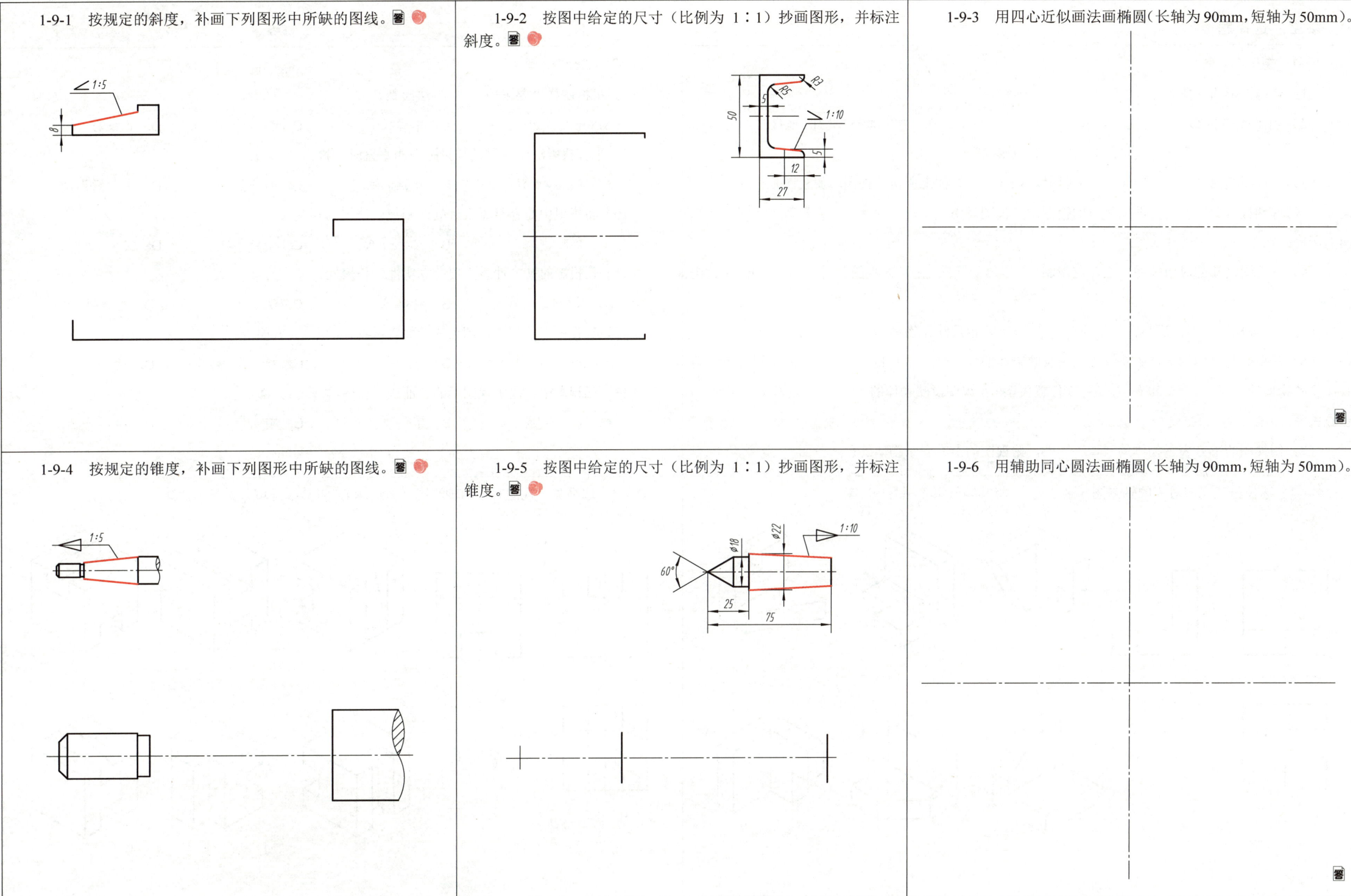

第二章　投 影 基 础

2-1　填空、选择题　　　　　　　　　　　　　　　　　　　　　　　　　班级　　　　姓名　　　　学号

2-1-1　填空题。

（1）获得投影的三要素是（　　　　　）、物体、投影面。

（2）当平面与投影面平行时，其投影（　　　　　　　）；当平面与投影面垂直时，其投影（　　　　　　　）；当平面与投影面倾斜时，其投影（　　　　　）。

（3）主视图是由（　　）向（　　）投射，在（　　）面上所得的视图；俯视图是由（　　）向（　　）投射，在（　　）面上所得的视图；左视图是由（　　）向（　　）投射，在（　　）面上所得的视图。

（4）三视图之间的对应关系：主、左视图（　　　　　）；主、俯视图（　　　　　）；左、俯视图（　　　　　）。

（5）"三等规律"不仅反映在物体的（　　　　）上，也反映在物体的（　　　　）上。

（6）三视图与物体的方位关系：主视图反映物体的（　　　　）和（　　　　）位置关系；俯视图反映物体的（　　　　）和（　　　　）位置关系；左视图反映物体的（　　　　）和（　　　　）位置关系。

（7）俯视图的下方表示物体的（　　）面，俯视图的上方表示物体的（　　）面。

2-1-2　选择题。

（8）机械图样主要采用（　　）法绘制。

　　A. 平行投影　　　B. 中心投影　　　C. 斜投影　　　D. 正投影

（9）平行投影法中投射线与投影面相垂直时，称为（　　）。

　　A. 垂直投影法　　B. 正投影法　　　C. 斜投影法　　D. 中心投影法

（10）将投射中心移至无限远处，则投射线视为相互（　　）。

　　A. 垂直　　　　　B. 交于一点　　　C. 平行　　　　D. 交叉

（11）正投影的基本性质主要有真实性、积聚性、（　　）。

　　A. 类似性　　　　B. 特殊性　　　　C. 统一性　　　D. 普遍性

（12）三视图中，离主视图远的一面表示物体的（　　）面。

　　A. 上　　　　　　B. 下　　　　　　C. 前　　　　　D. 后

（13）三视图中，离主视图近的一面表示物体的（　　）面。

　　A. 上　　　　　　B. 下　　　　　　C. 前　　　　　D. 后

2-1-3　选择与三视图对应的轴测图（多选题），将其编号填入括号内。

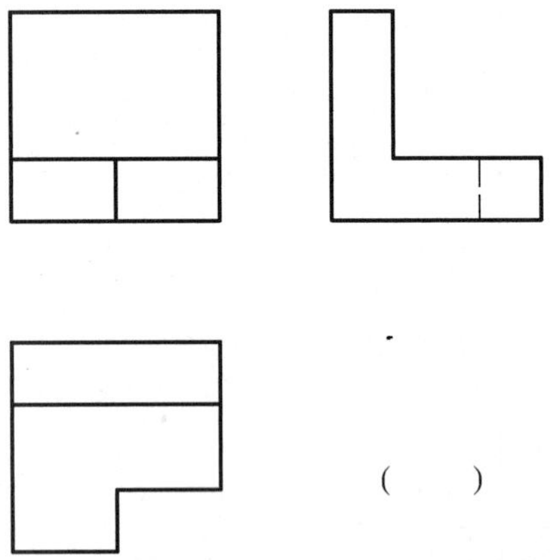

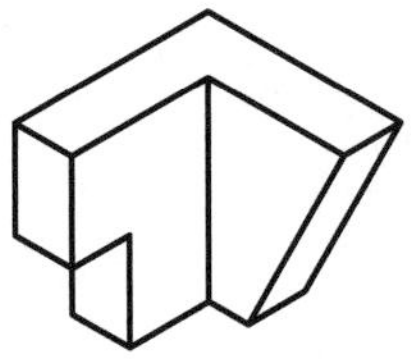

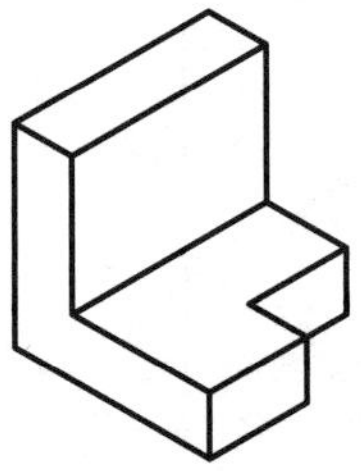

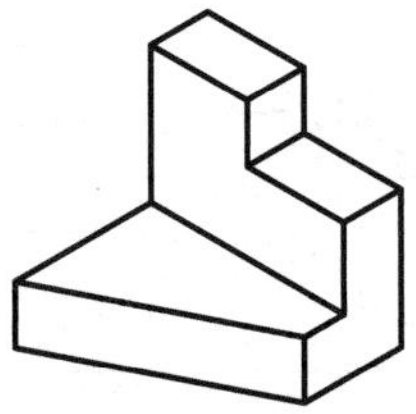

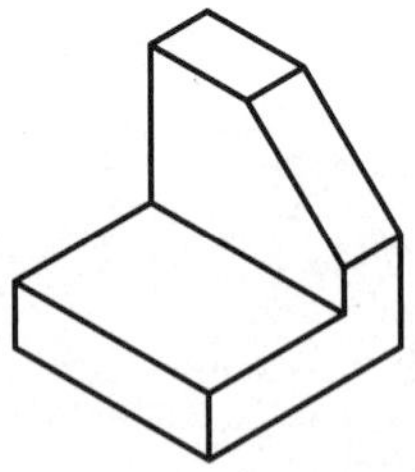

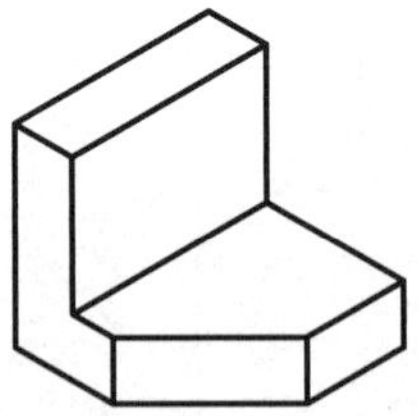

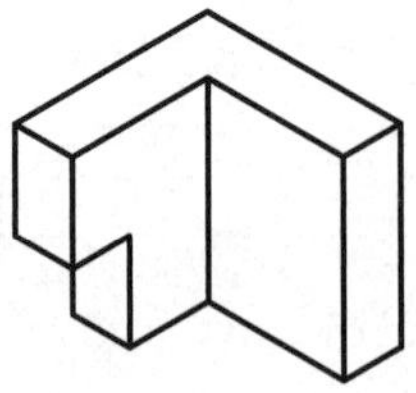

（　　）

2-1-4　选择与三视图对应的轴测图（多选题），将其编号填入括号内。

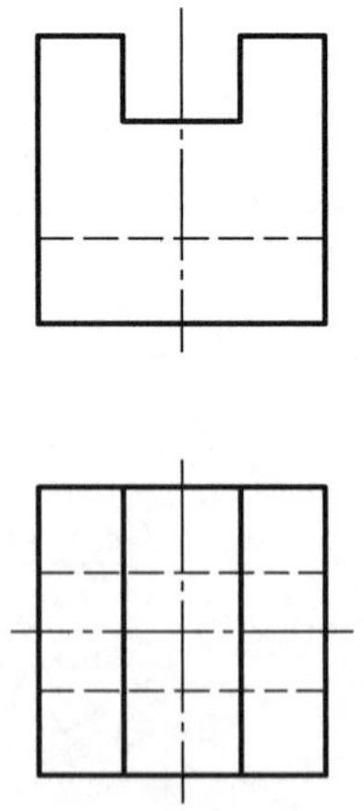

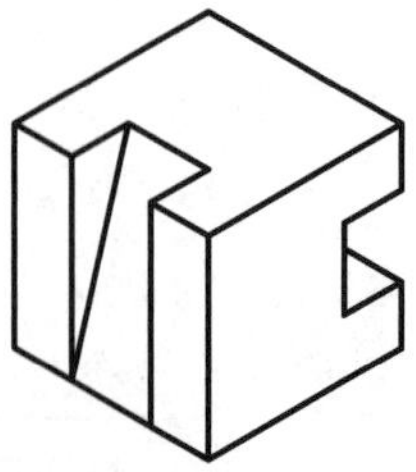

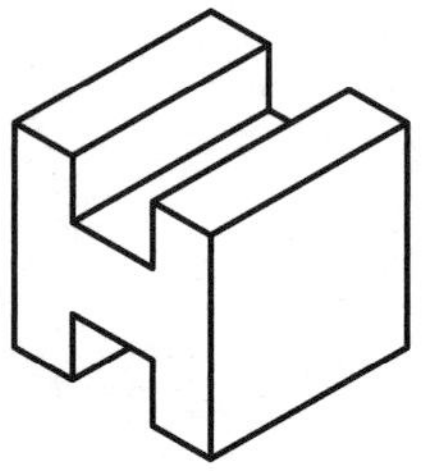

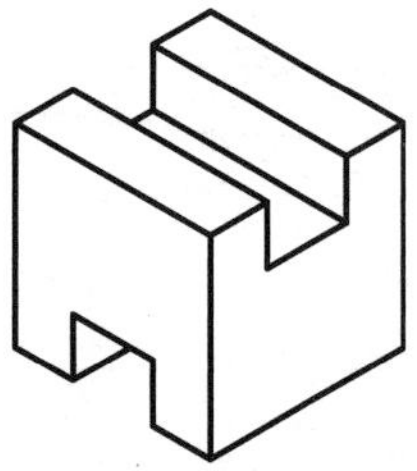

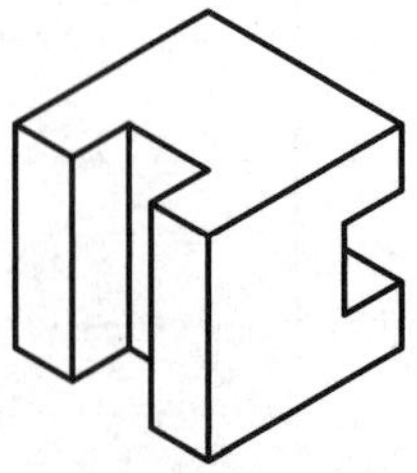

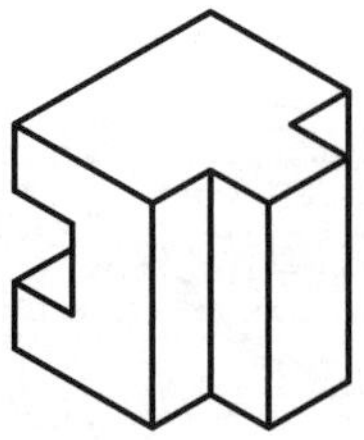

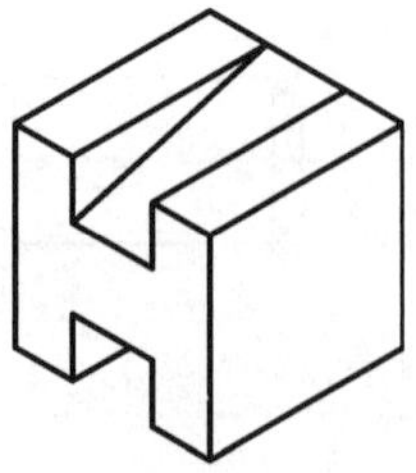

（　　）

2-2 观察三视图，辨认其相应的轴测图，并在○内填写对应的编号

2-2-1 带编号的三视图。

(1) (2) (3) (4) (5) (6) (7) (8) (9) (10) (11) (12)

2-2-2 选择对应的轴测图。

2-3 补画视图中所缺的图线和第三面视图

班级　　　　姓名　　　　学号

2-3-1 补画视图中所缺的图线。

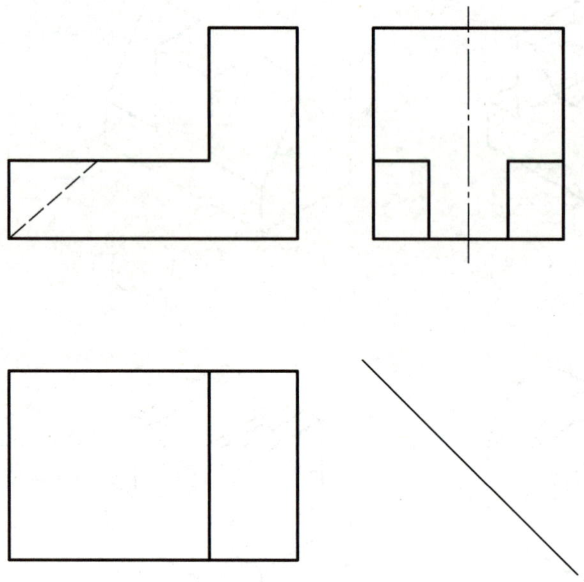

2-3-2 补画视图中所缺的图线。

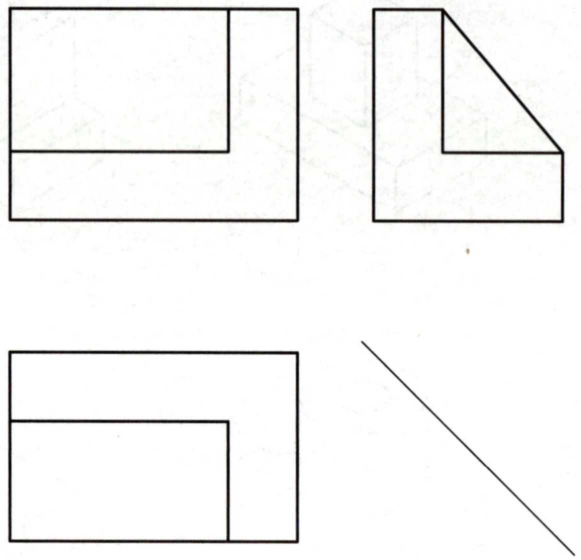

2-3-3 补画视图中所缺的图线。

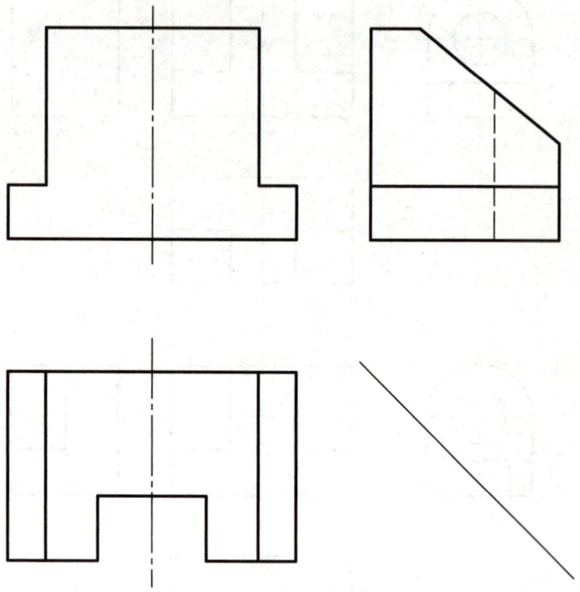

2-3-4 补画视图中所缺的图线。

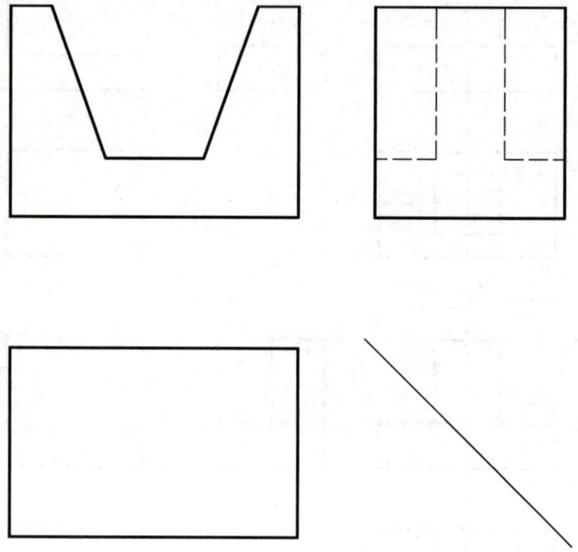

2-3-5 在指定位置补画左视图。

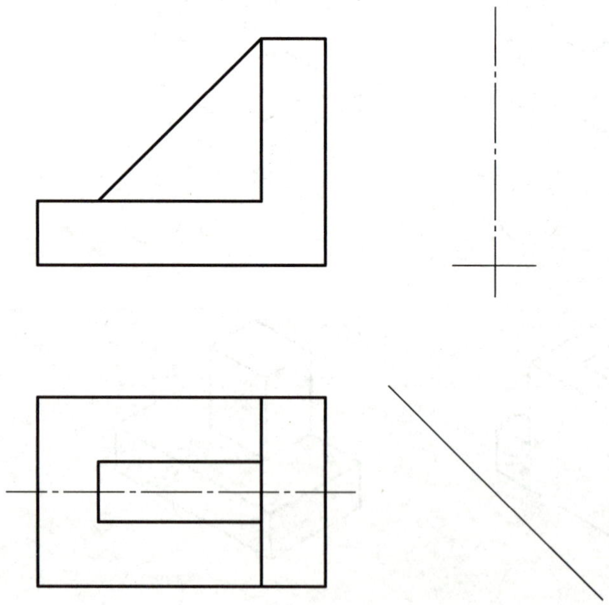

2-3-6 在指定位置补画左视图。

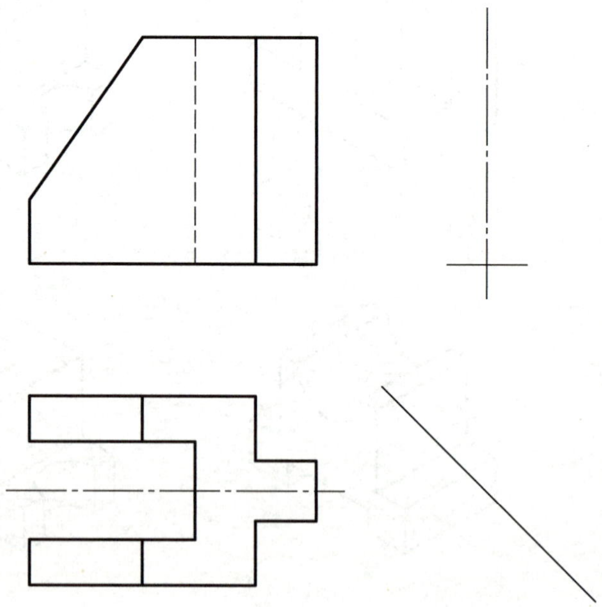

2-3-7 在指定位置补画左视图。

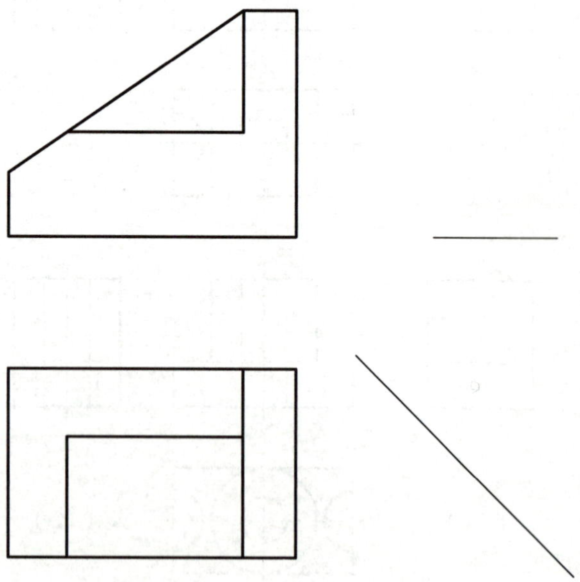

2-3-8 在指定位置补画俯视图。

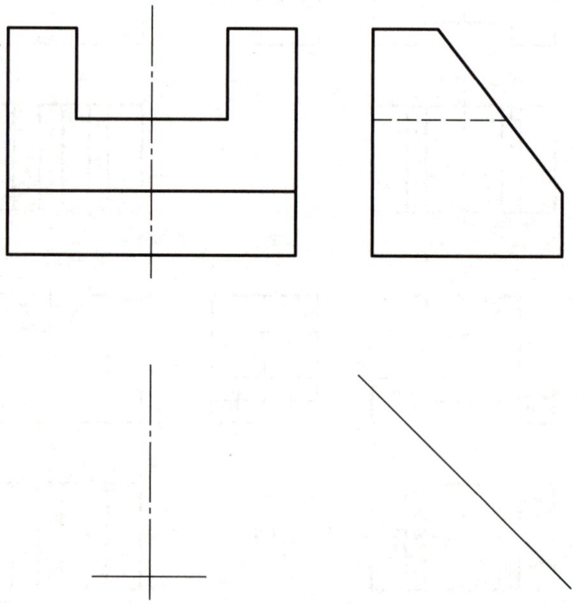

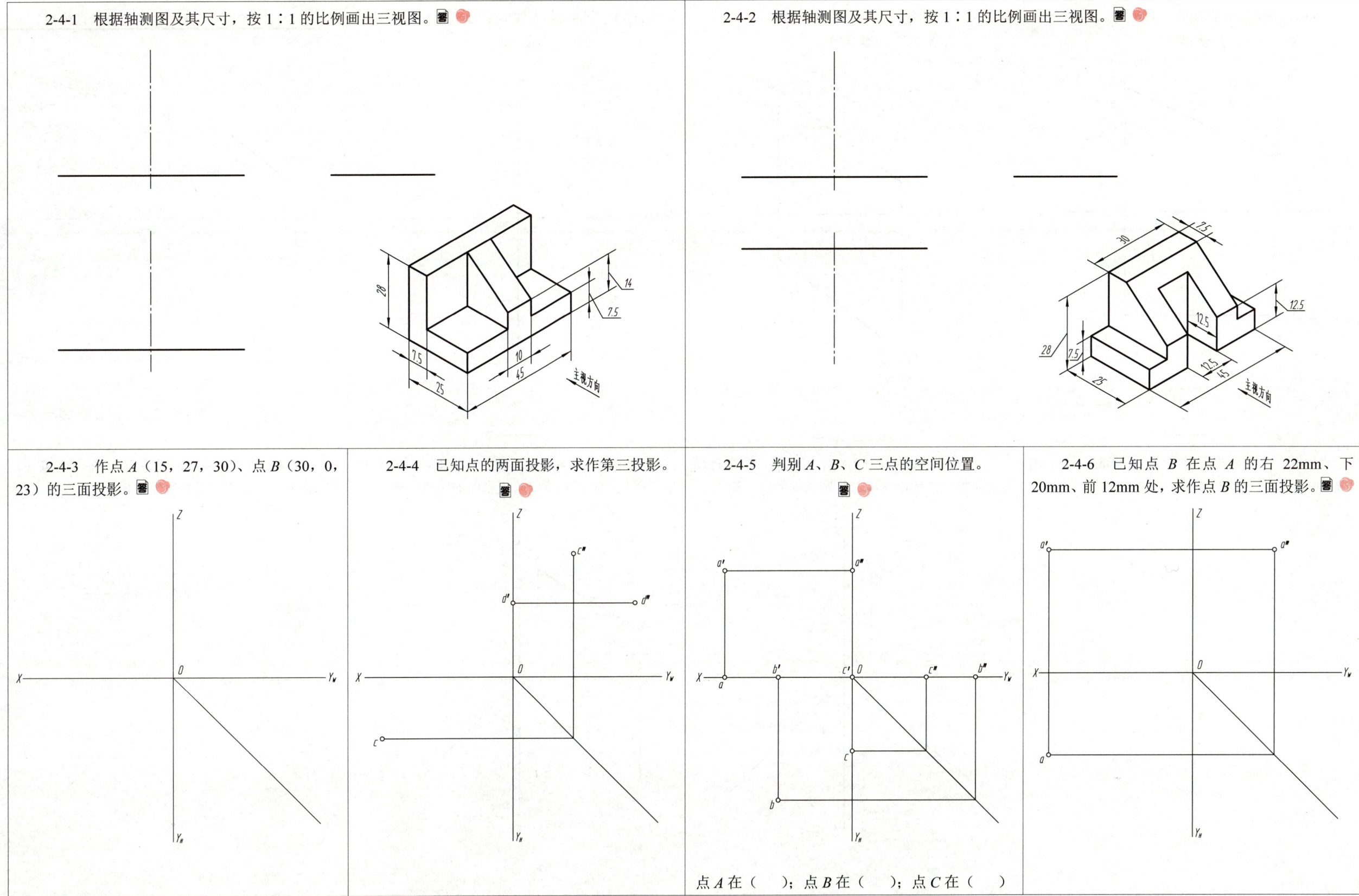

2-5 直线的投影

2-5-1 判断 AB 直线的空间位置。

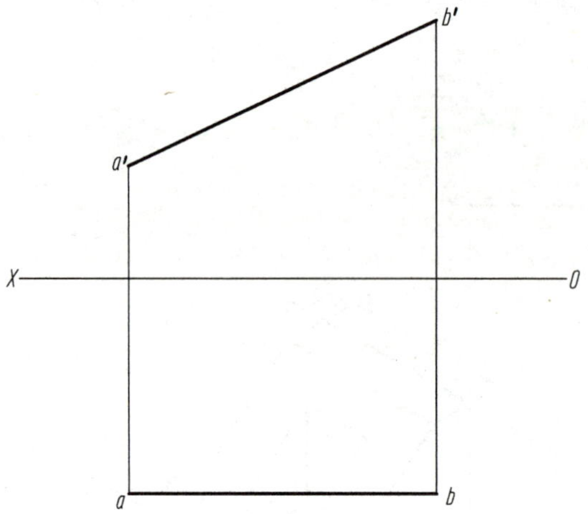

_____线

2-5-2 判断 AB 直线的空间位置。

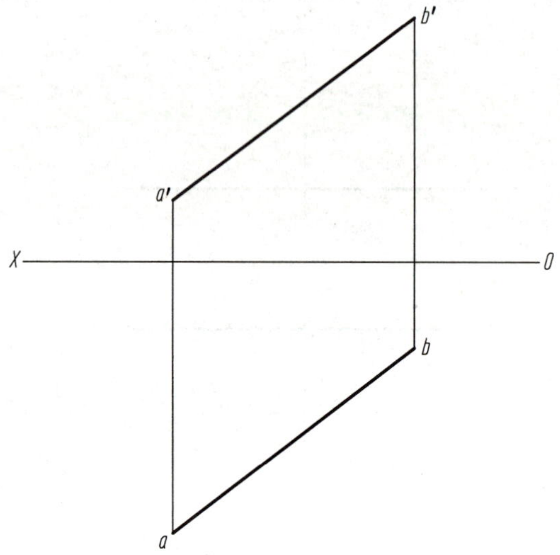

_____线

2-5-3 判断 EF 直线的空间位置。

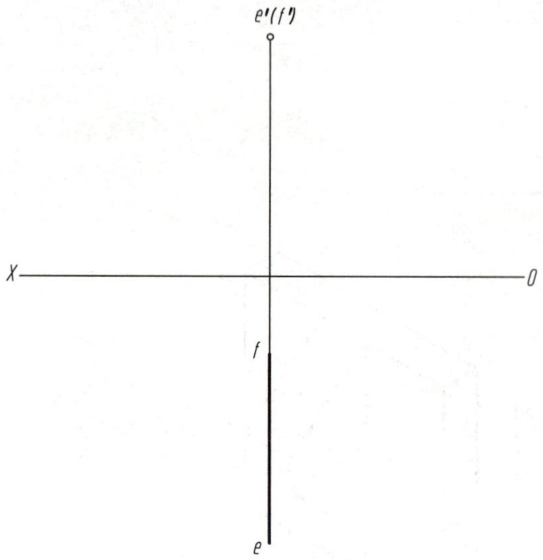

_____线

2-5-4 已知点 K 在 V 面上，补全直线 GK 的三面投影。

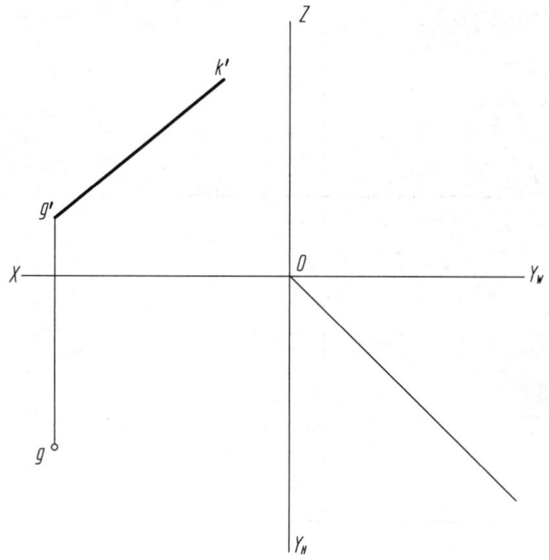

2-5-5 已知侧平线 AB 距 W 面 24mm，$\alpha=60°$，AB=26 mm，补全侧平线的三面投影。

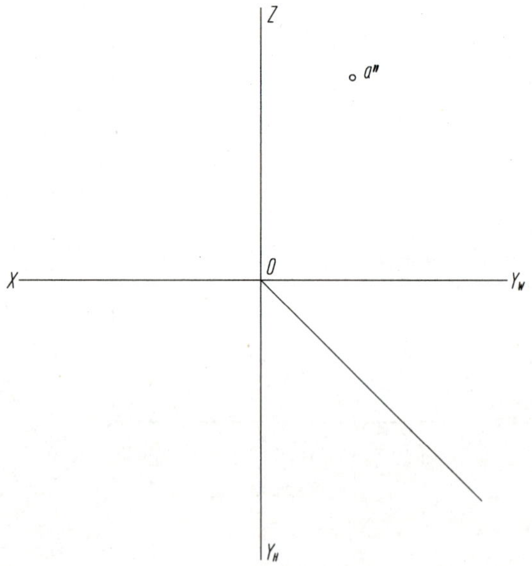

2-5-6 已知直线 AB 平行于 H 面，补全直线的三面投影，标出直线与投影面的倾角。

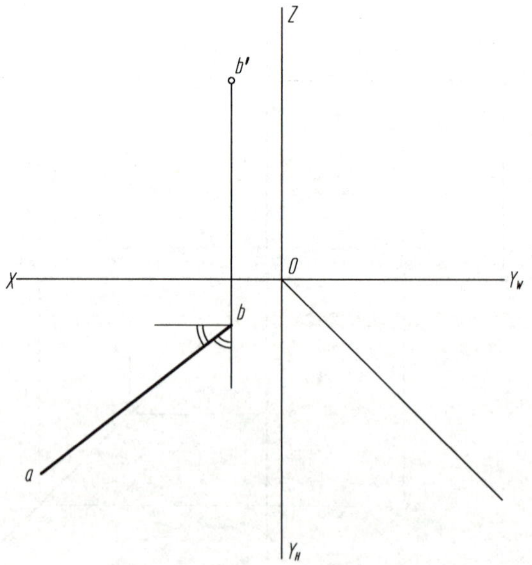

2-5-7 已知直线 AB 平行于 V 面，补全直线的三面投影，标出直线与投影面的倾角。

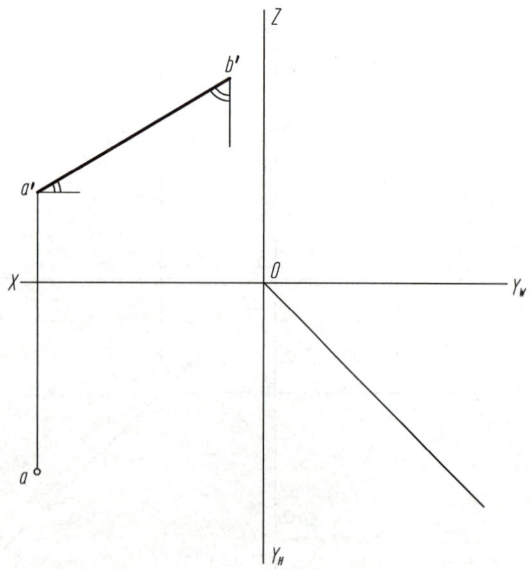

2-5-8 已知直线 EF 垂直于 V 面、距 W 面 22mm，补全直线的三面投影。

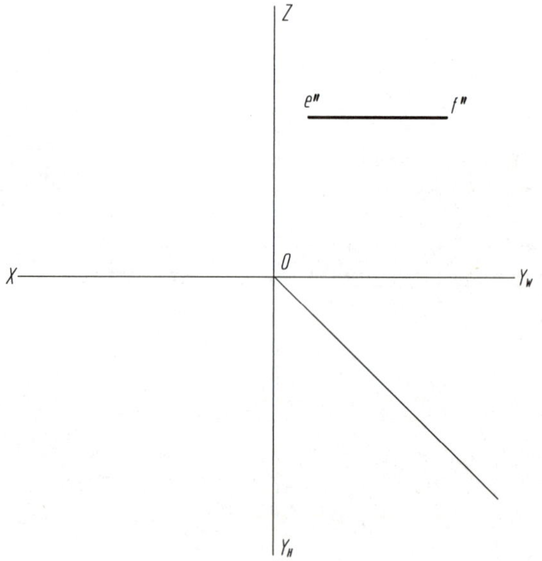

2-6 补画平面的第三面投影

2-6-1 补画三角形的第三面投影，判别其空间位置。

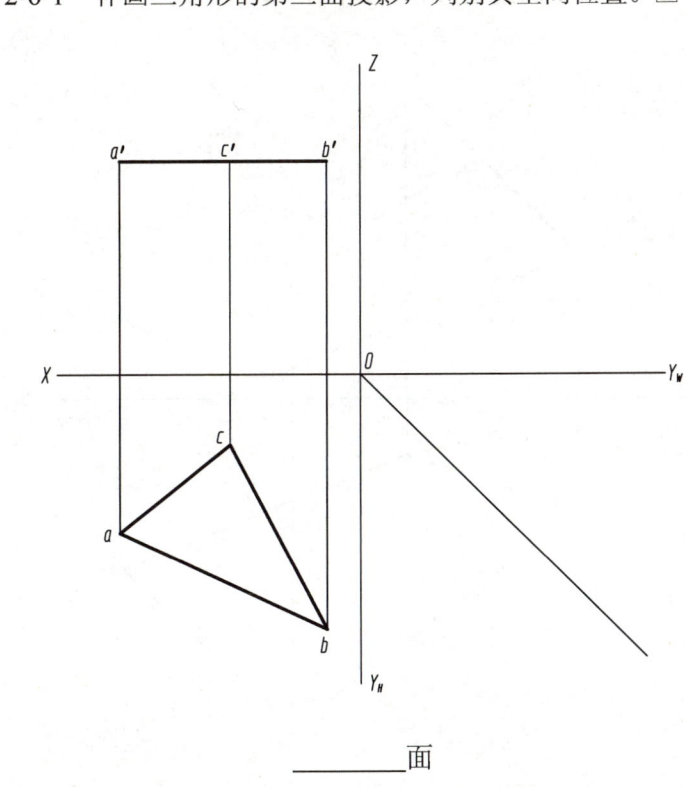

_____面

2-6-2 补画三角形的第三面投影，判别其空间位置，并标出平面与投影面的倾角。

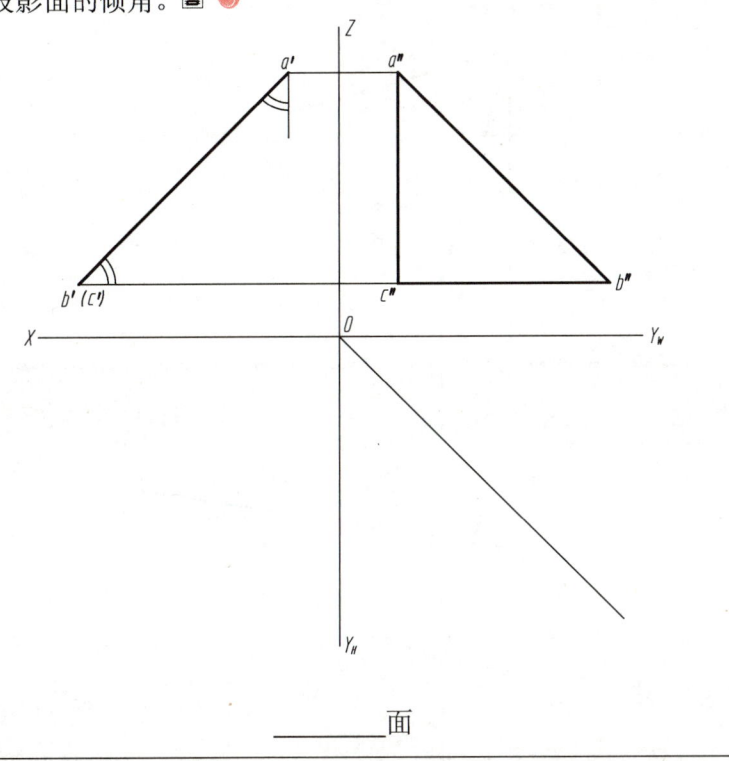

_____面

2-6-3 补画三角形的第三面投影，判别其空间位置。

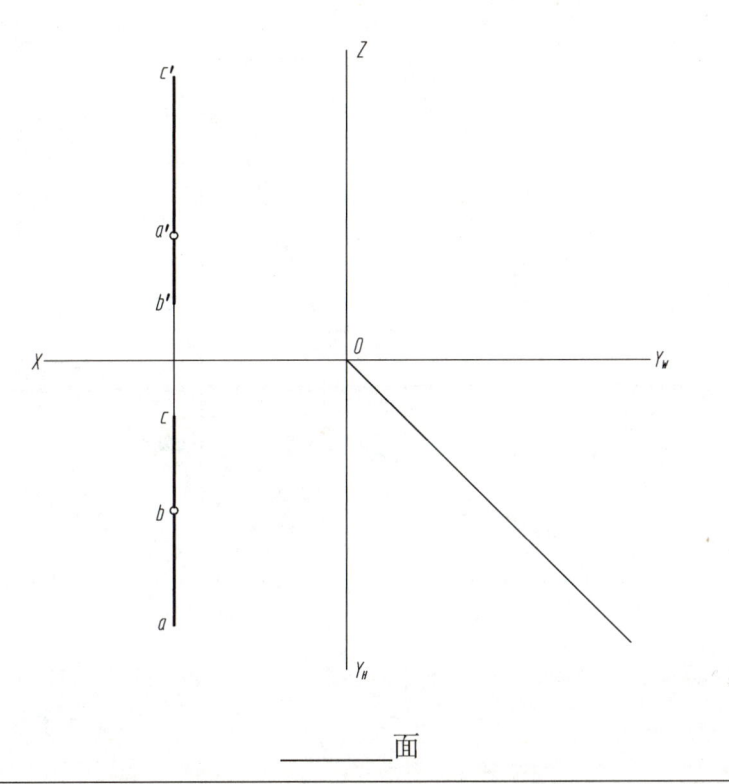

_____面

2-6-4 补画六边形的第三面投影，判别其空间位置，并标出平面与投影面的倾角。

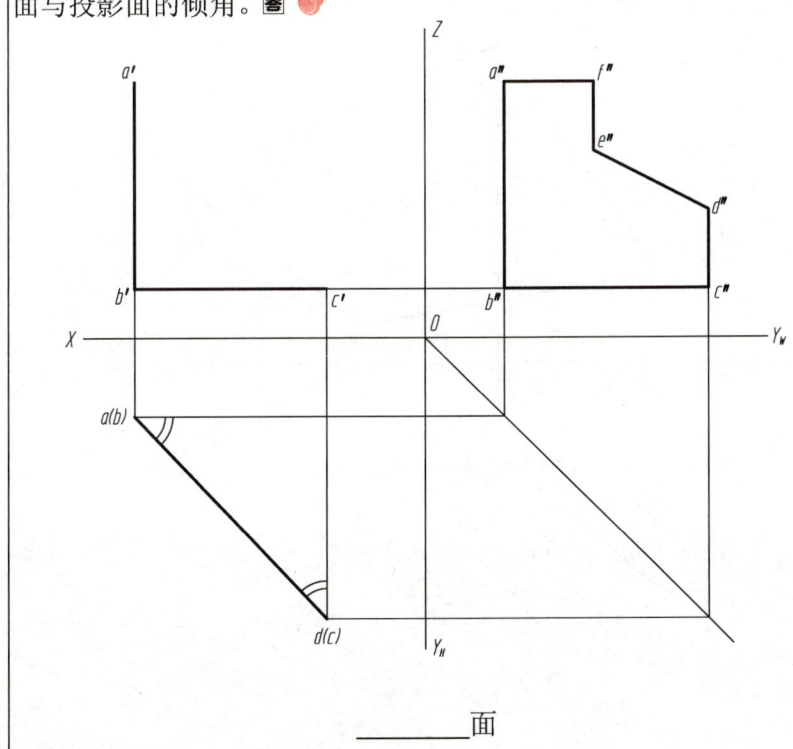

_____面

2-6-5 补画八边形的第三面投影，判别其空间位置，并标出平面与投影面的倾角。

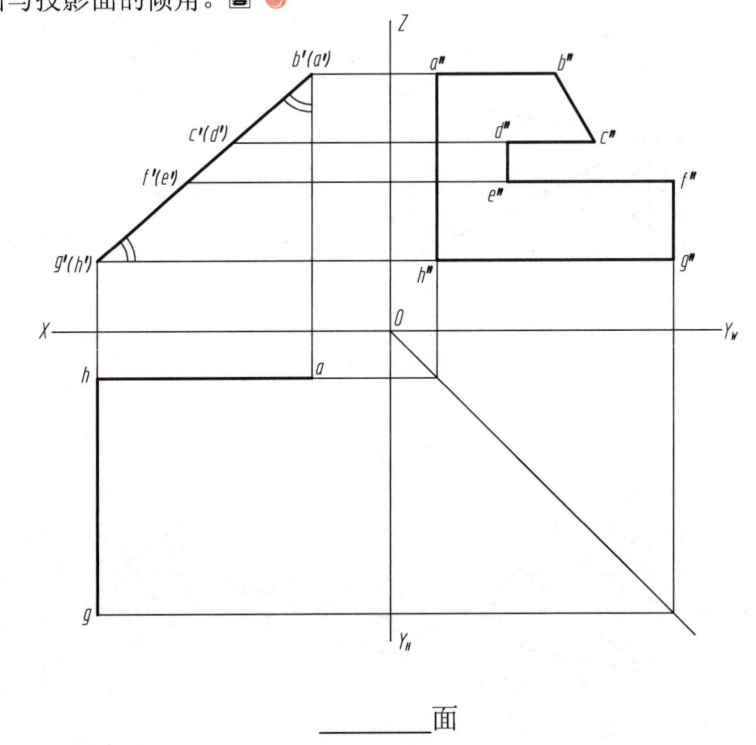

_____面

2-6-6 补画七边形的第三面投影，判别其空间位置，并标出平面与投影面的倾角。

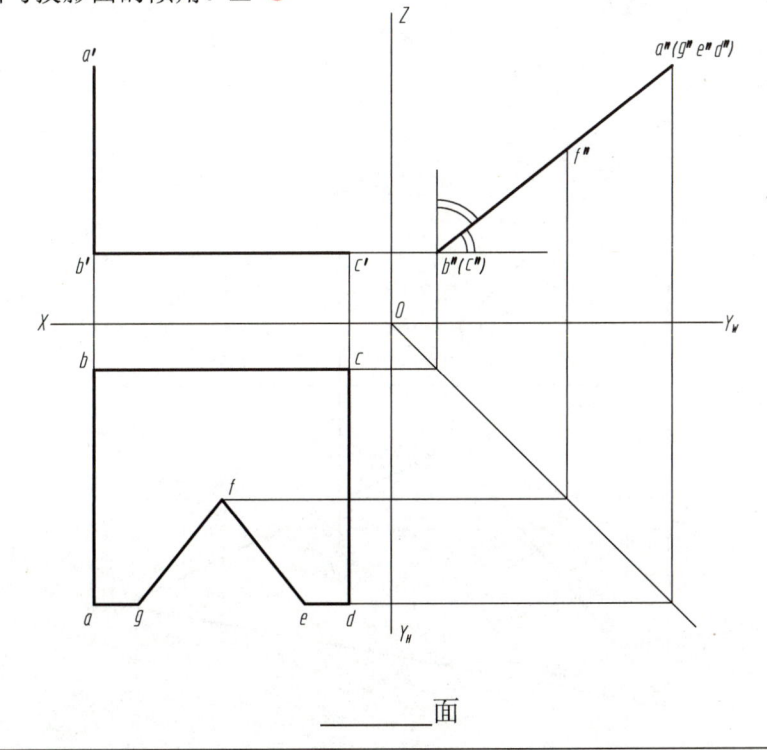

2-7 平面内直线和点的投影

2-7-1 E、F 两点在已知平面内，求它们的另一投影。

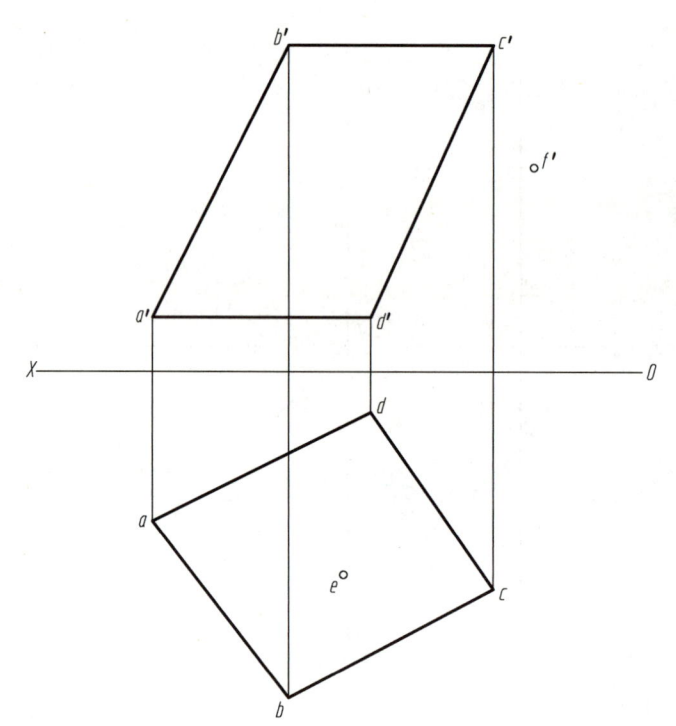

2-7-2 直线 MN 在已知平面内，求它们的另一投影。

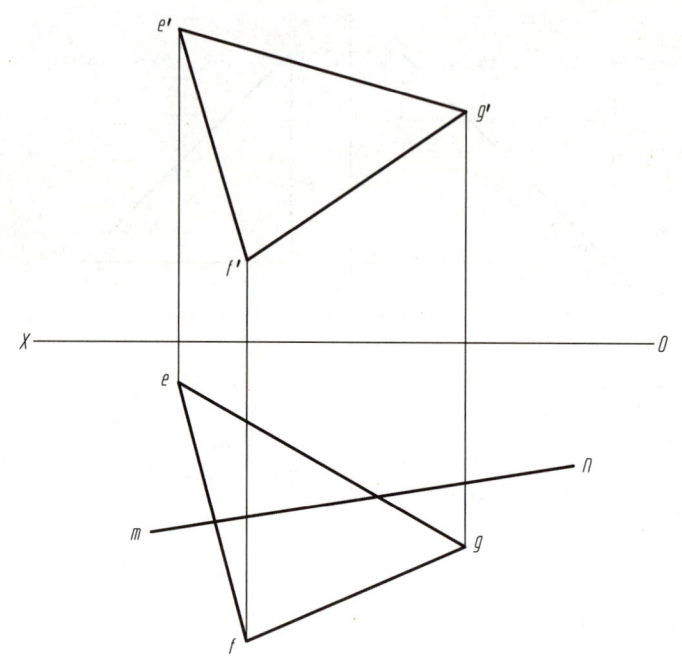

2-7-3 完成平面四边形 ABCD 的正面投影。

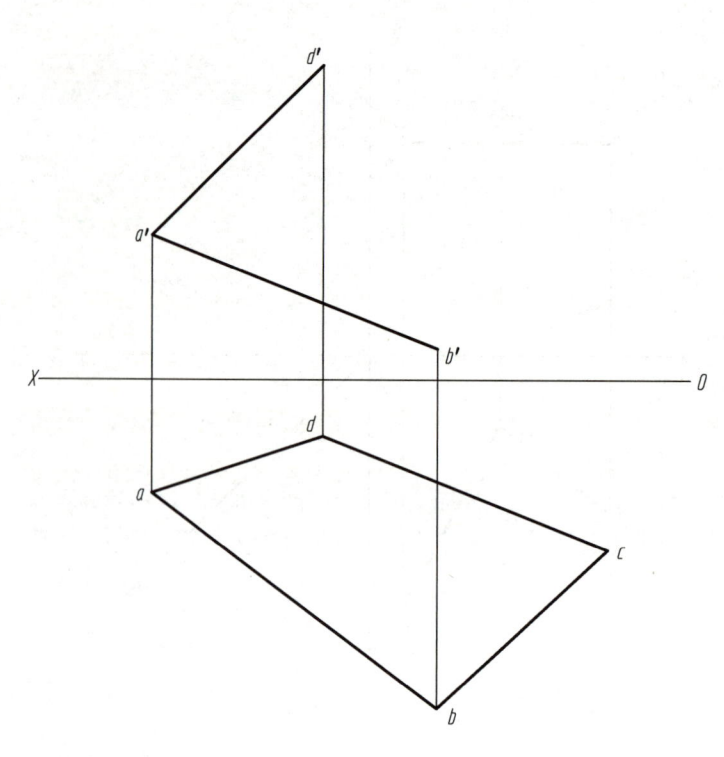

2-7-4 已知点 K 属于 △ABC 所在的平面，完成 △ABC 的正面投影。

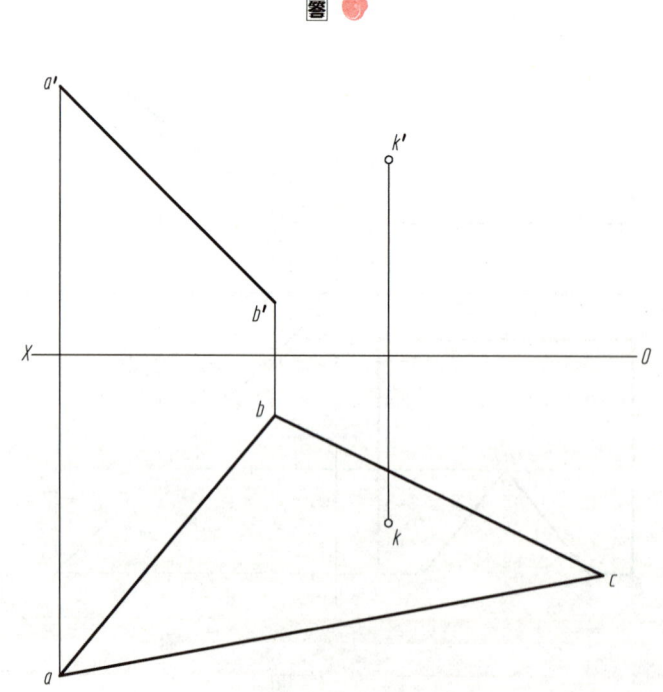

2-7-5 在 △ABC 内作距 H 面为 30 mm 的水平线。

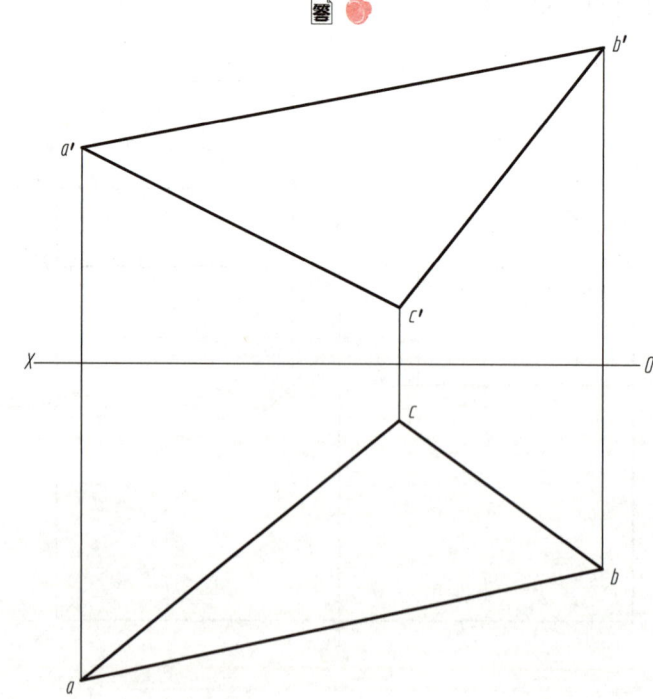

2-7-6 已知平面四边形 ABCD 的对角线 AC 为正平线，完成平面的水平投影。

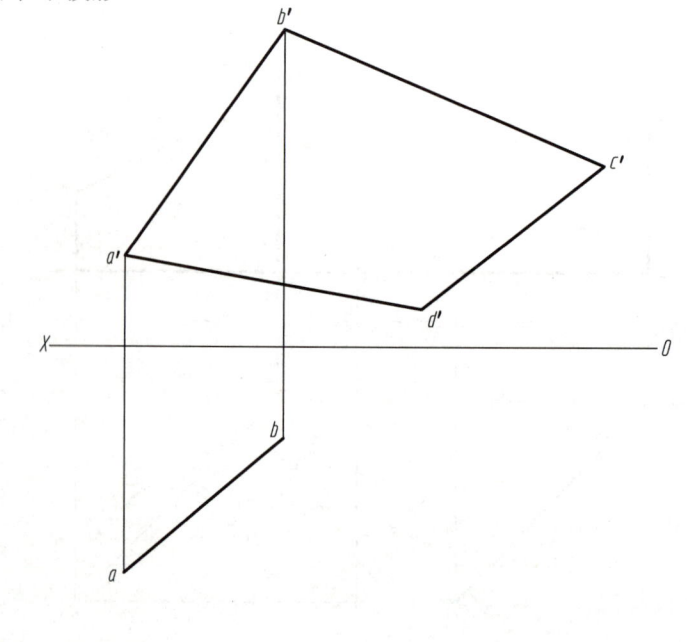

2-8 棱柱、棱锥、棱台及其表面上点的投影

2-8-1 补画正六棱柱的左视图。

2-8-2 补画正三棱柱的左视图。

2-8-3 补画正三棱锥的左视图。

2-8-4 补画正三棱台的俯视图。

2-8-5 求正五棱柱表面上点的投影。

2-8-6 求正三棱柱表面上点的投影。

2-8-7 用辅助线法求三棱锥表面上点 C 的投影。

2-8-8 用辅助平面法求三棱台表面上点 D 的投影。

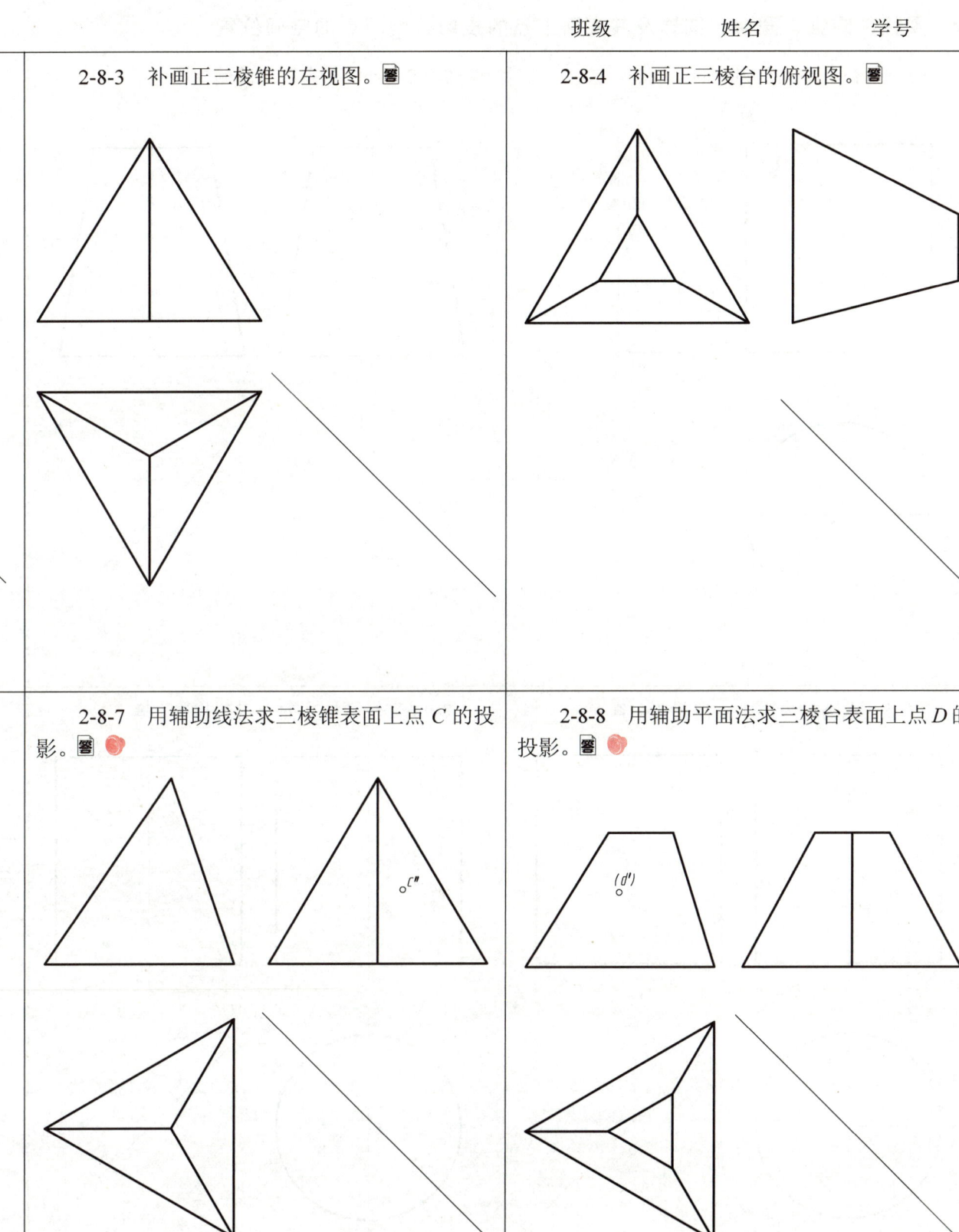

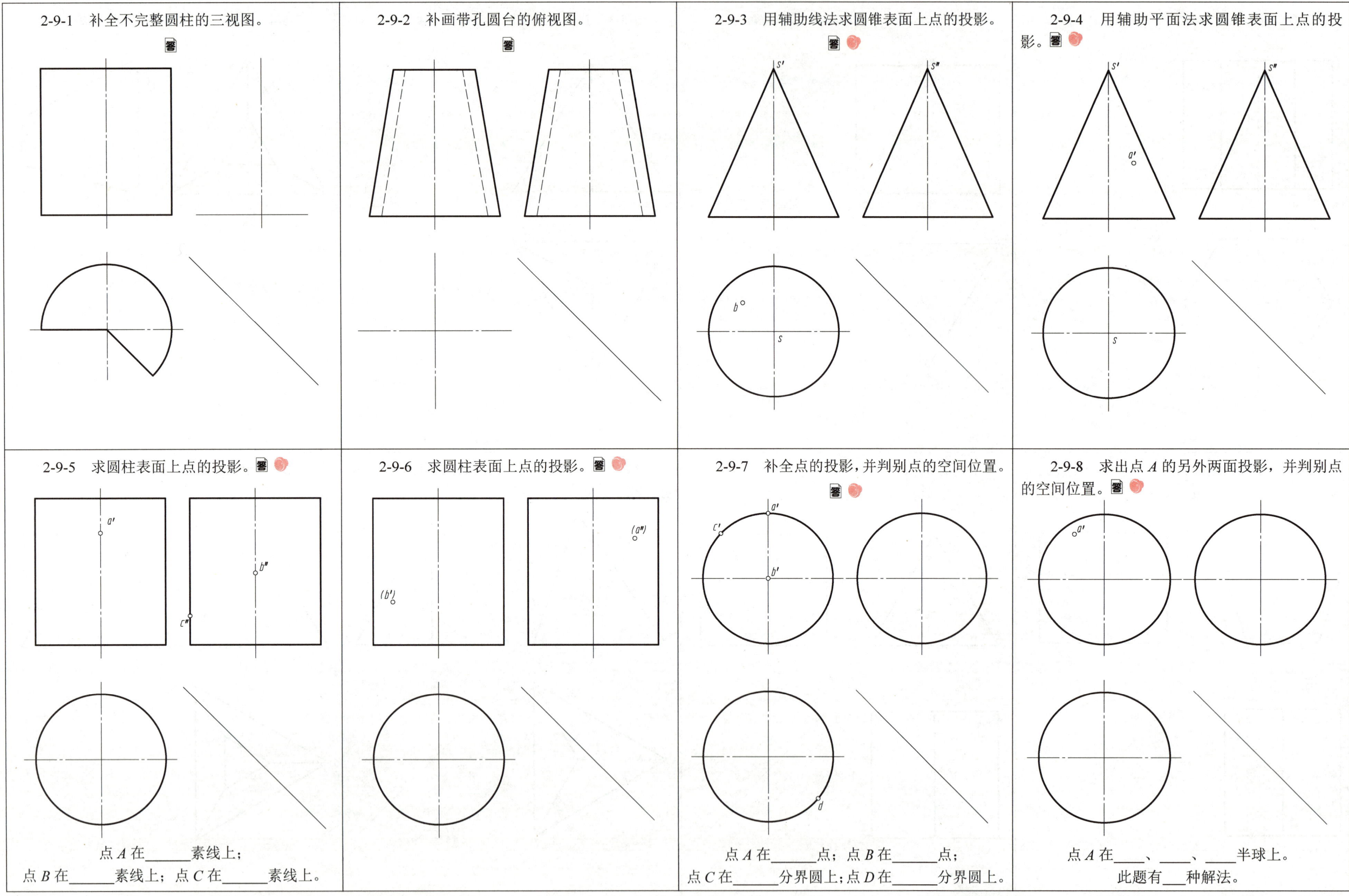

第三章 组合体

3-1 补全视图中所缺的图线（一）　　　　　　　　　　　　　　　　　　　　　　　班级　　　姓名　　　学号

3-1-1　3-1-2 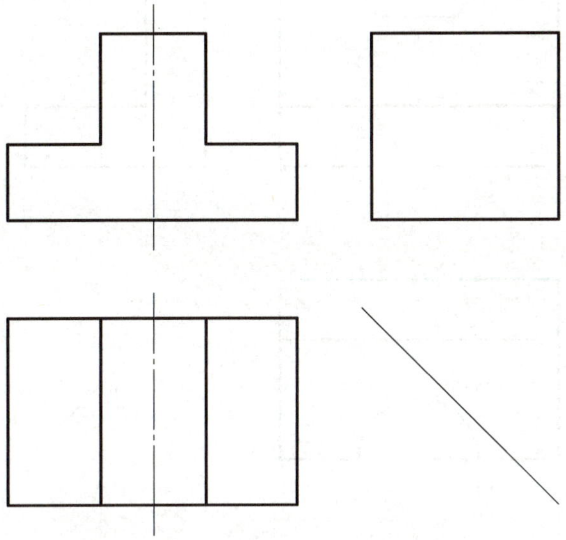　3-1-3 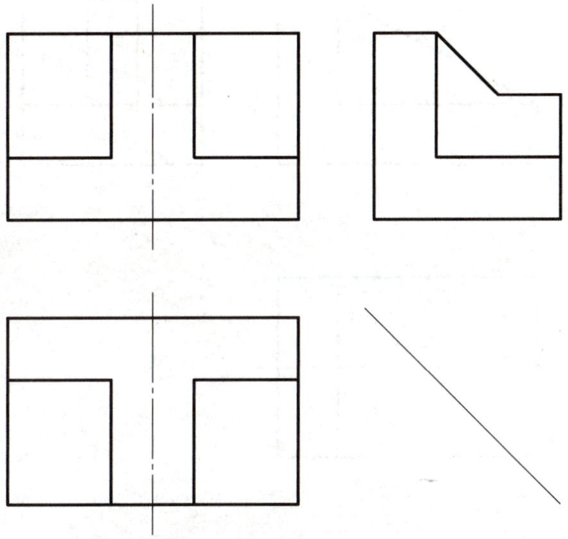　3-1-4

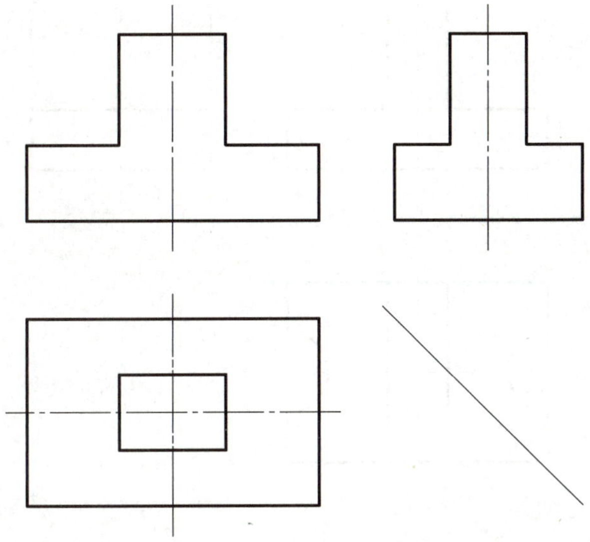

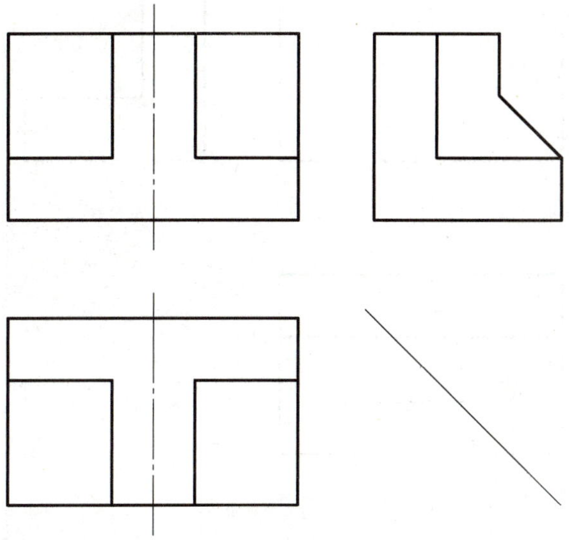

3-1-5 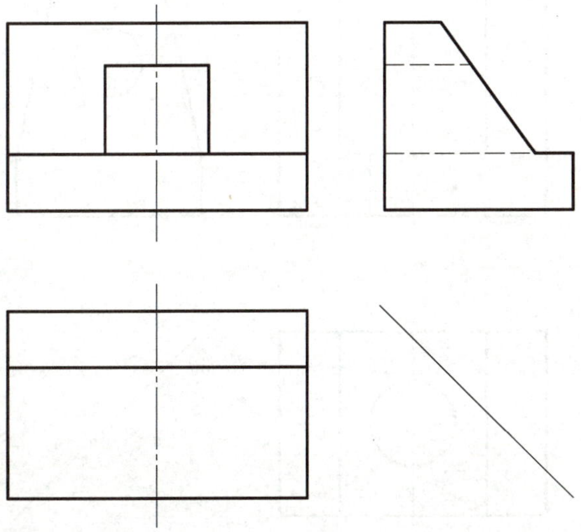　3-1-6 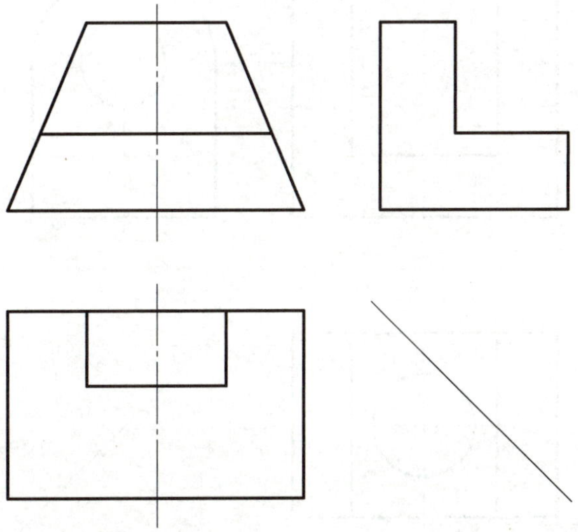　3-1-7 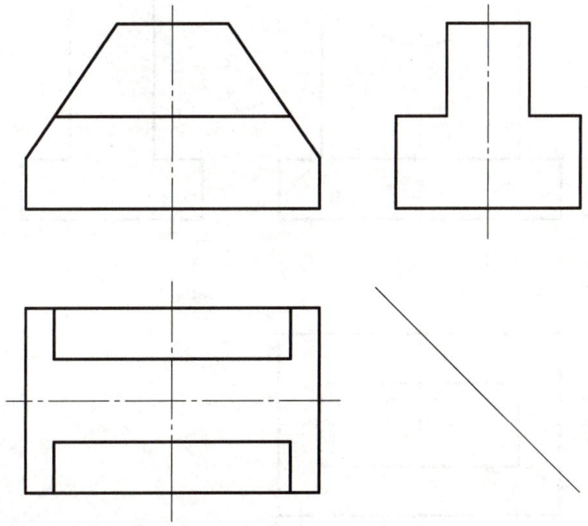　3-1-8

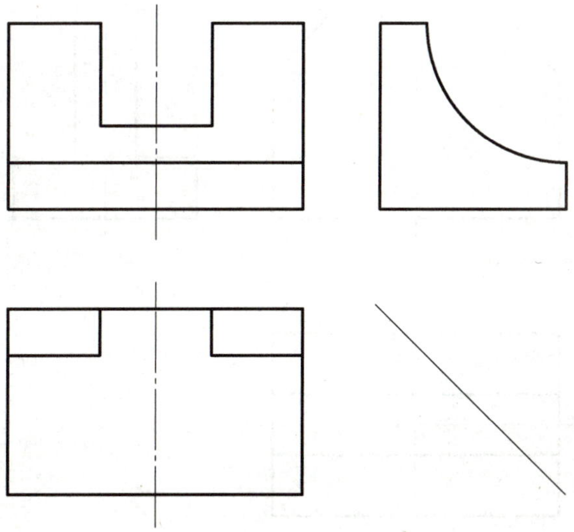

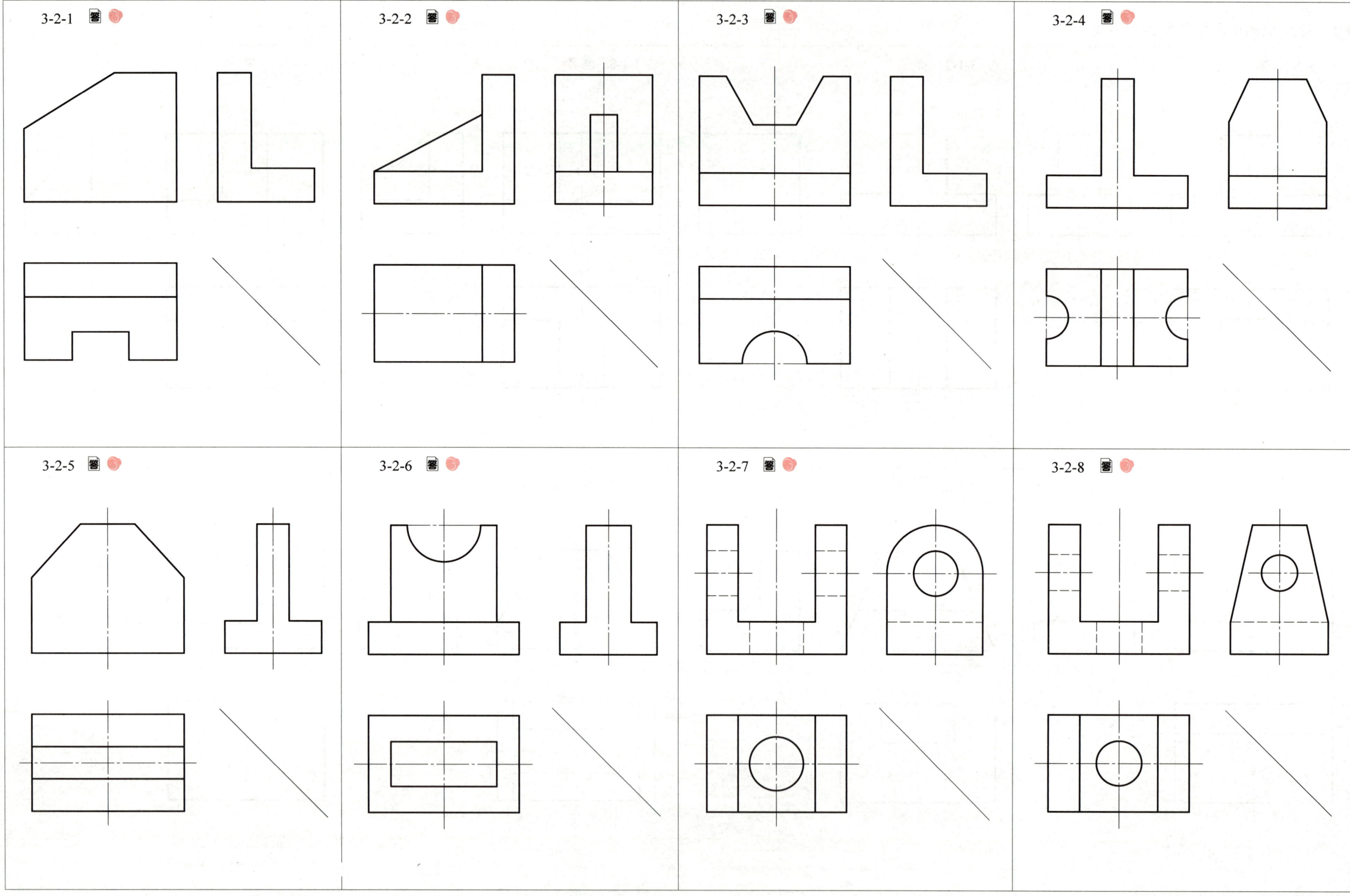

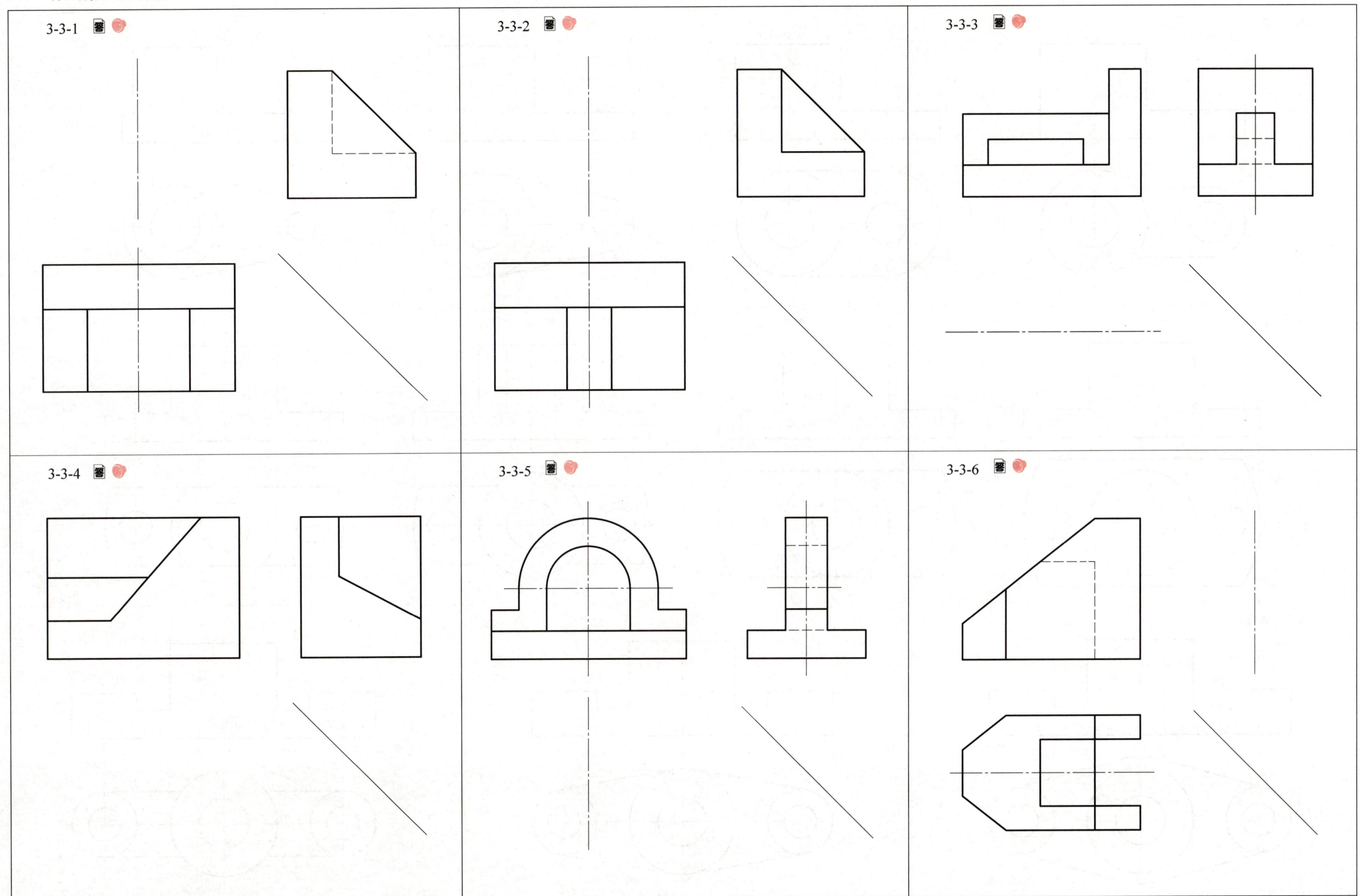

3-4 补画主视图中所缺的图线

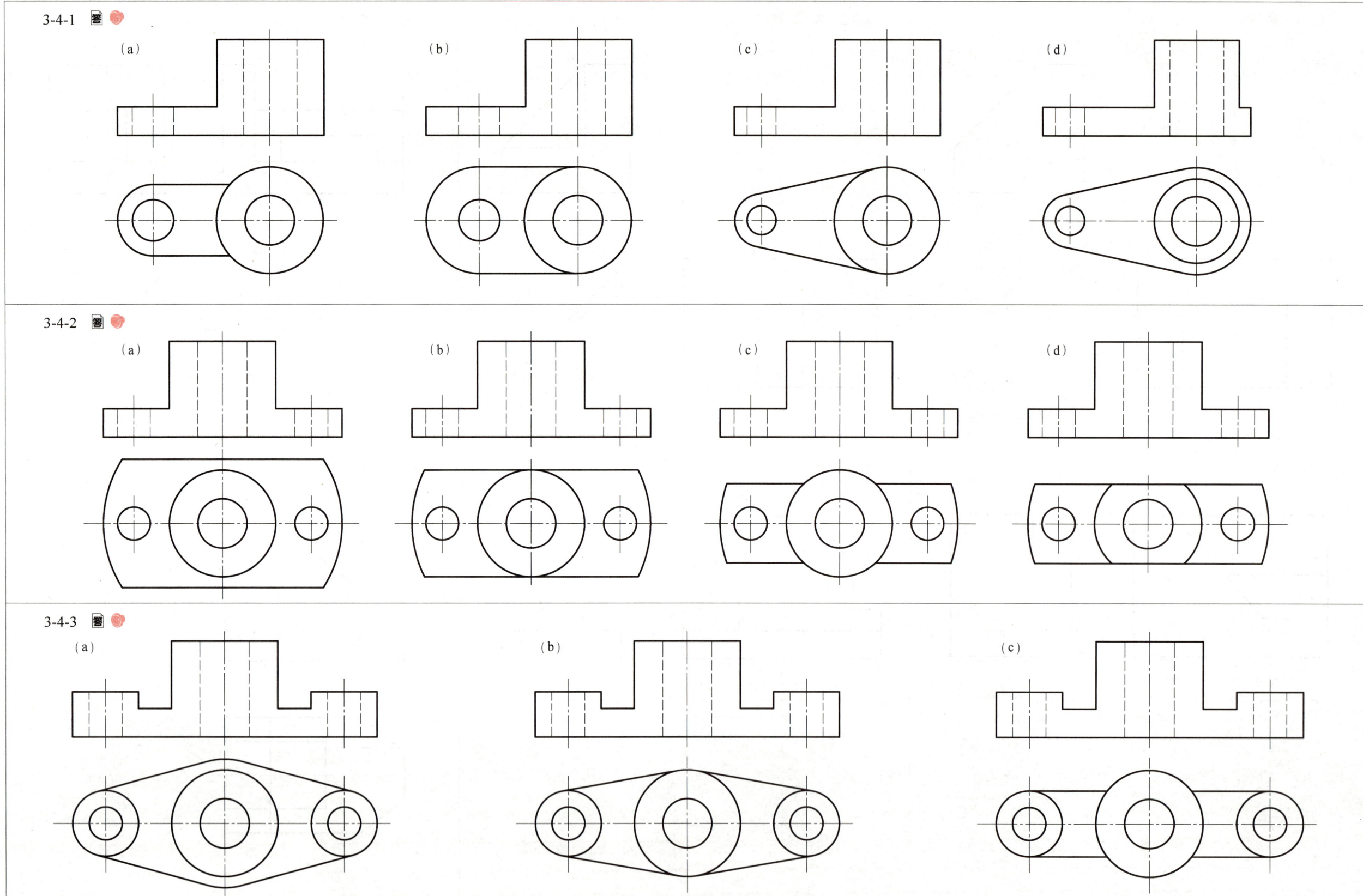

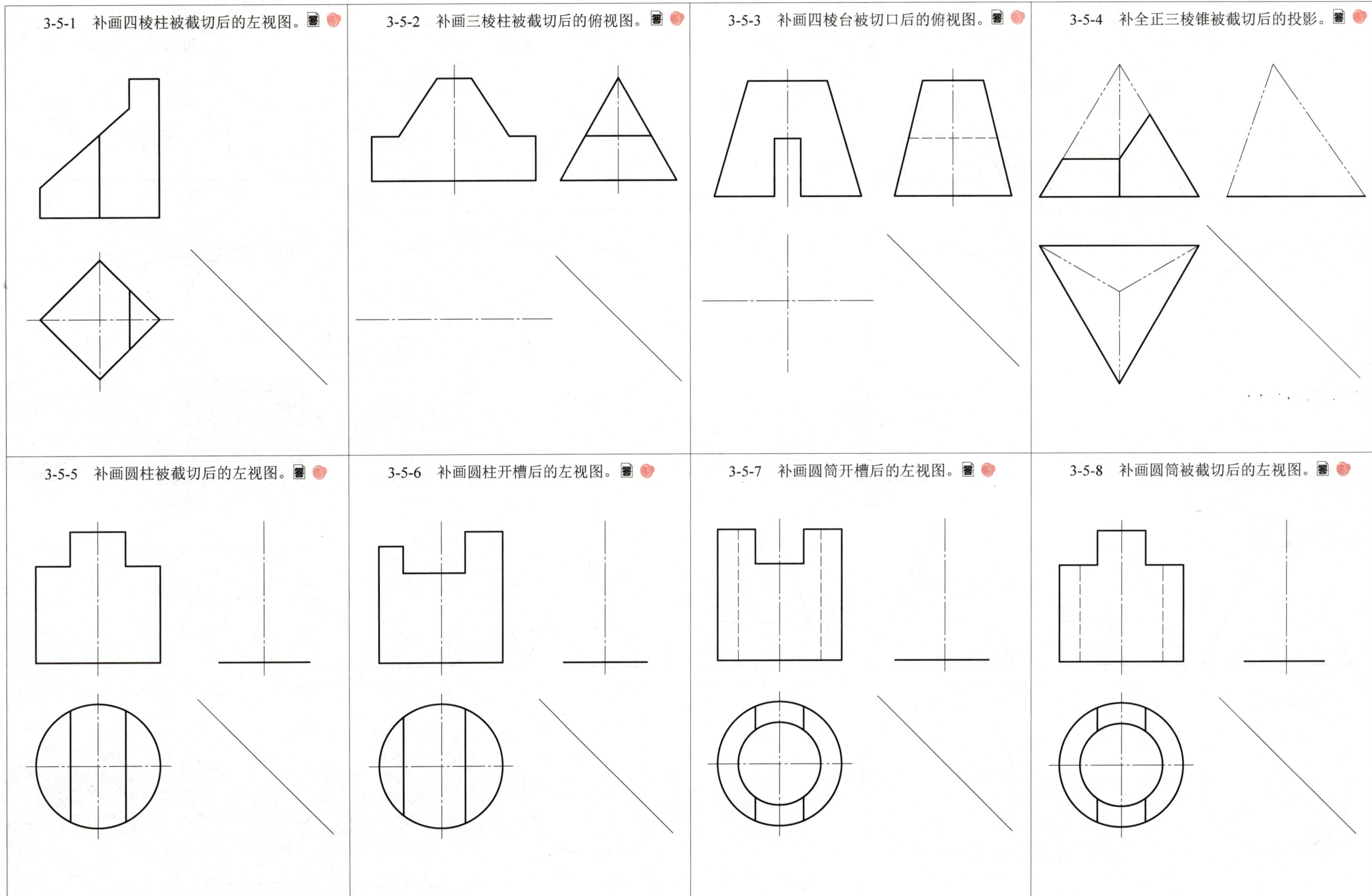

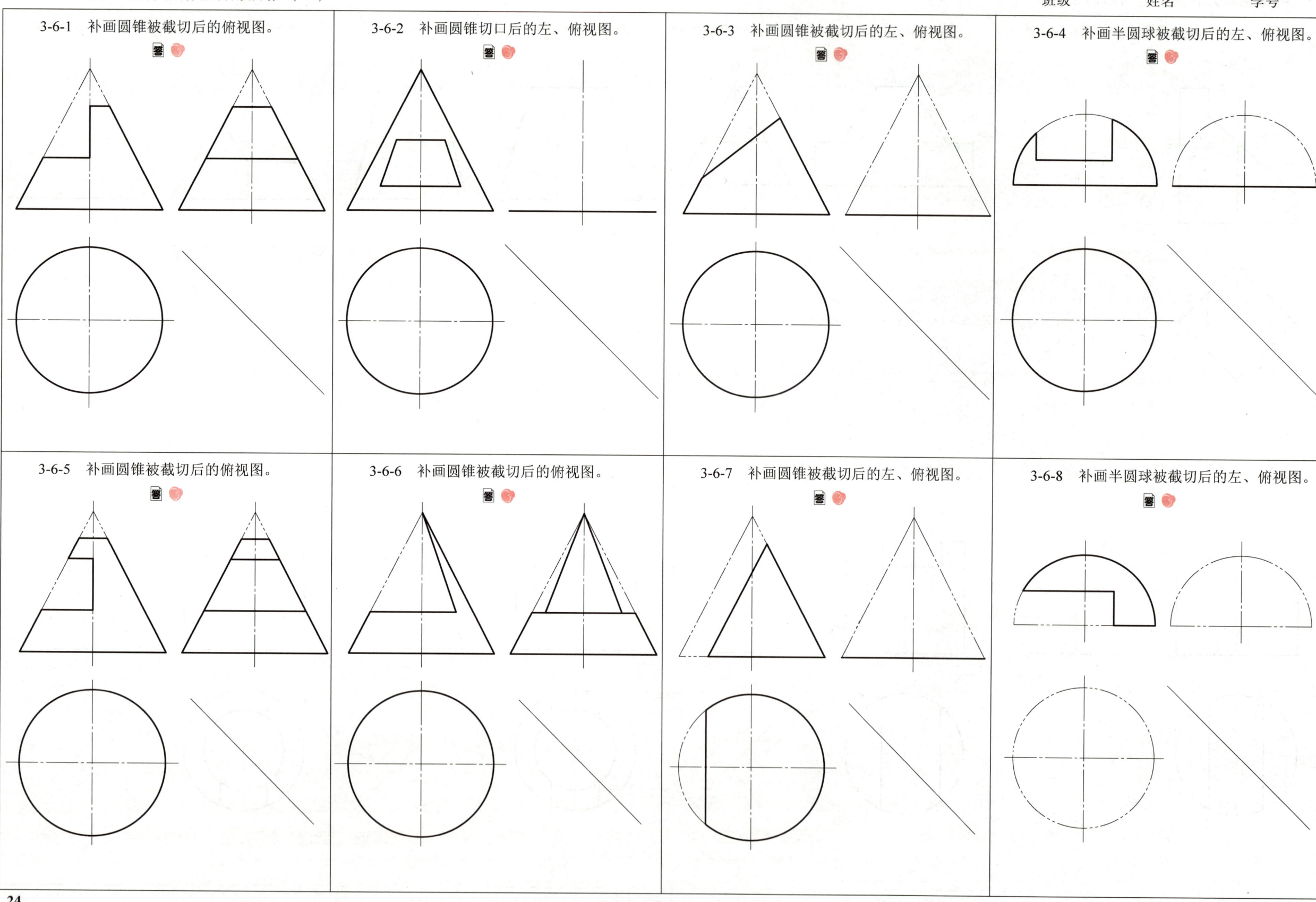

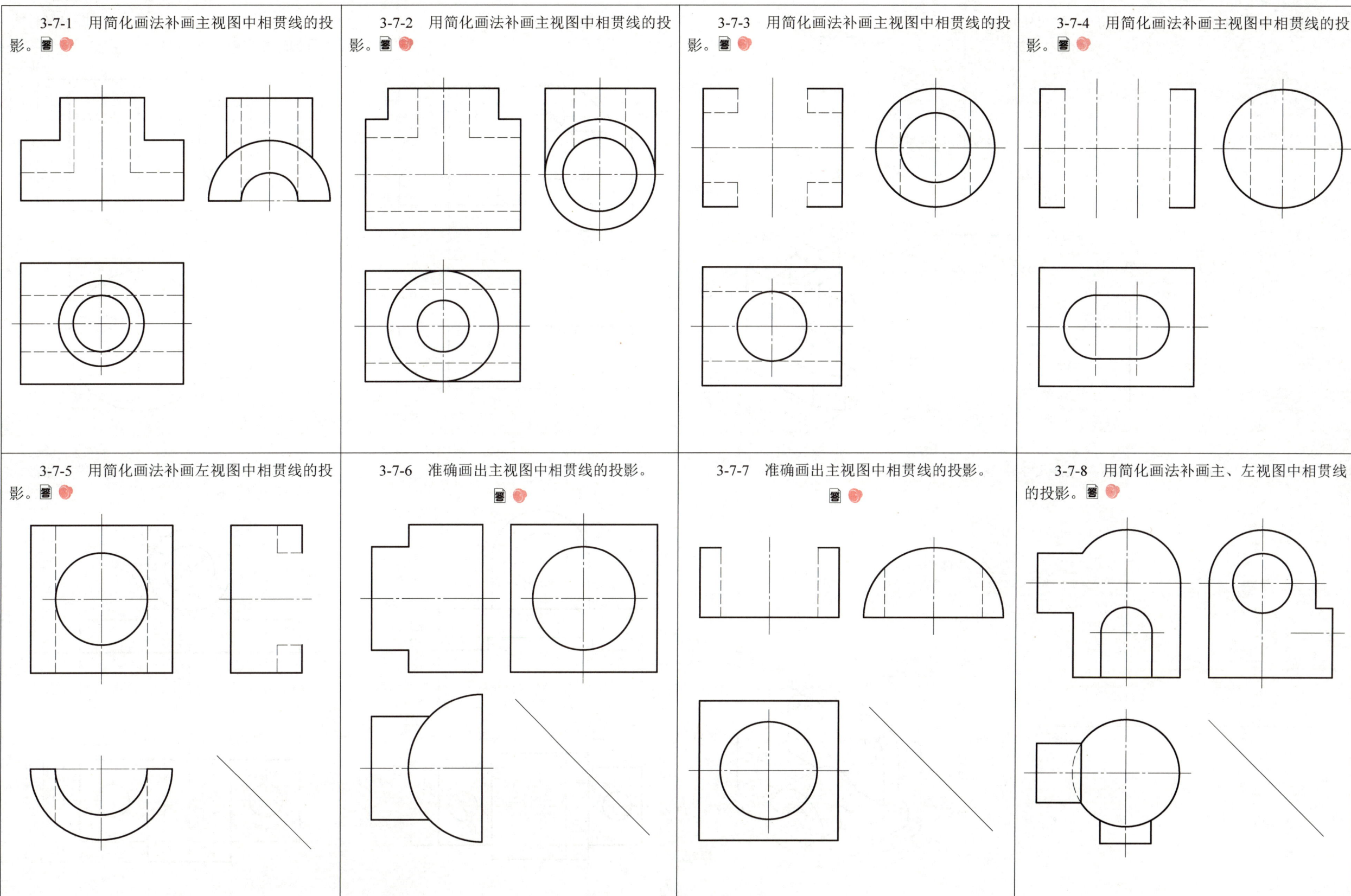

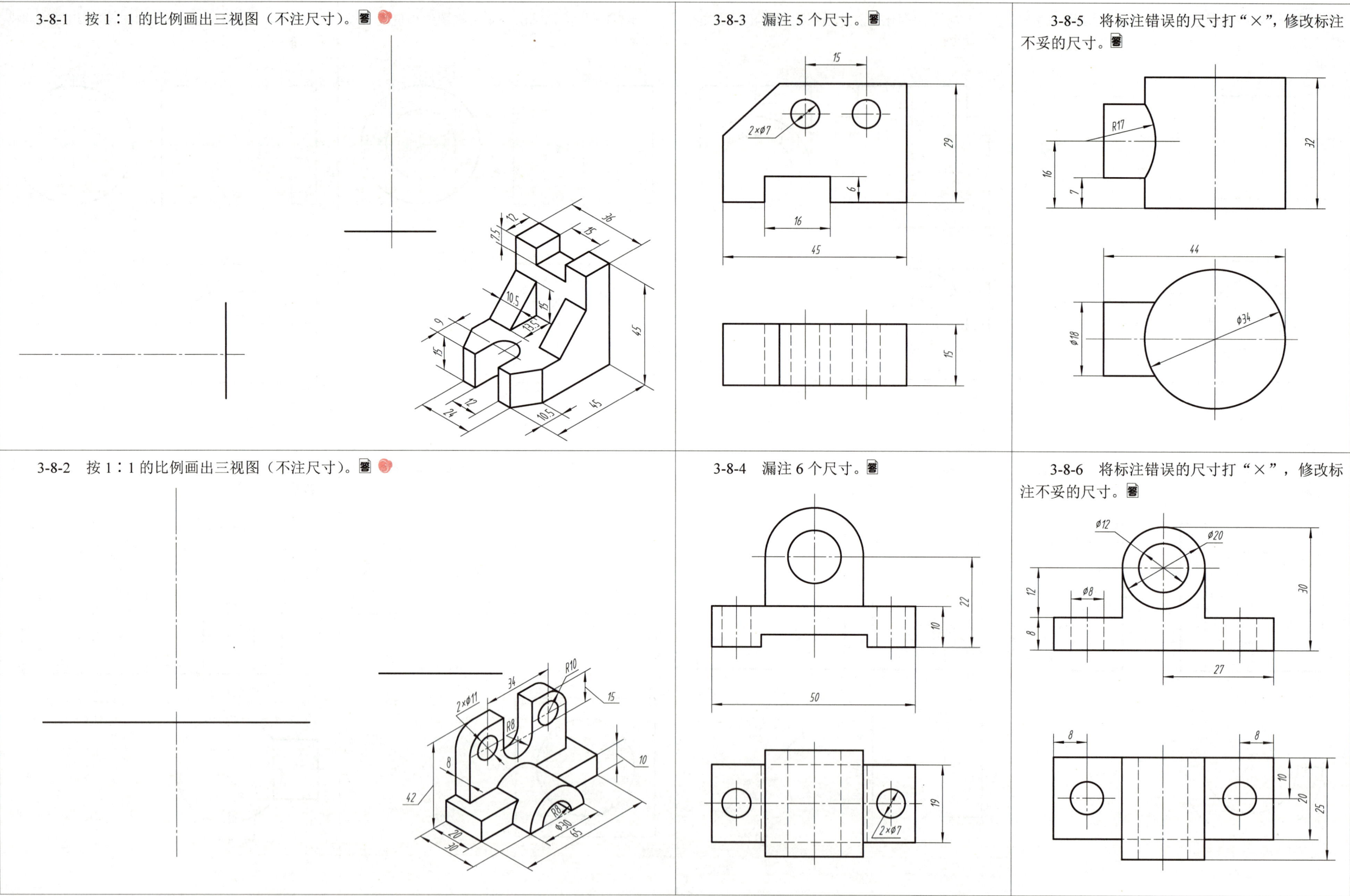

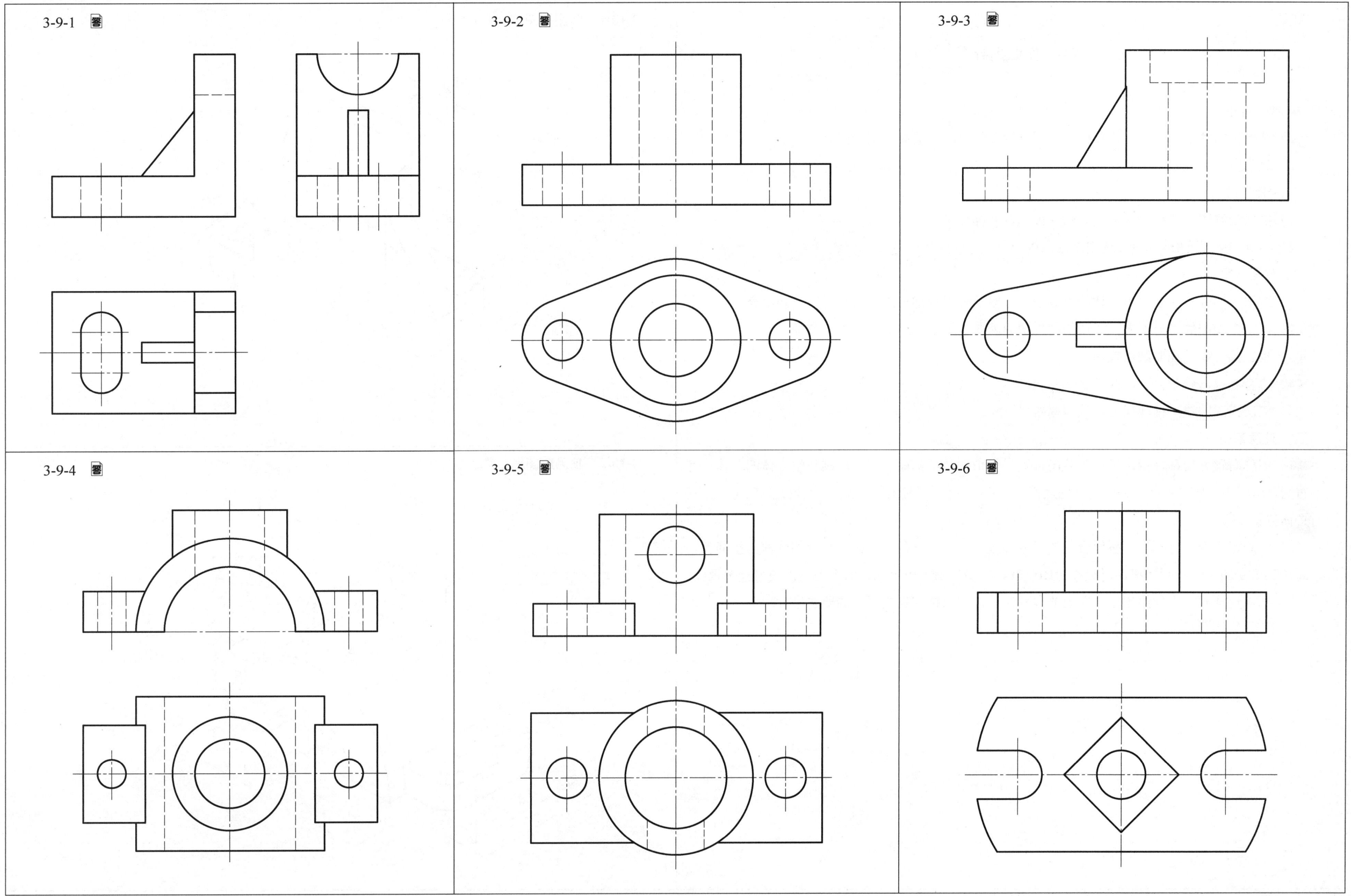

3-10 尺规图作业——组合体三视图

№3 作业指导书

一、作业目的

（1）掌握根据轴测图（或组合体模型）画三视图的方法，提高绘图技能。

（2）熟悉组合体视图的尺寸注法。

二、内容与要求

（1）根据轴测图（或组合体模型）画三视图，并标注尺寸。

（2）用 A3 或 A4 图纸，自己选定绘图比例。

三、作图步骤

（1）运用形体分析法搞清组合体的组成部分，以及各组成部分之间的相对位置和组合关系。

（2）选定主视图的投射方向，所选的主视图应能明显地表达组合体的形状特征。

（3）画底稿（底稿线要细而轻淡）。

（4）检查底稿，修正错误，擦掉多余图线。

（5）依次描深图线，标注尺寸，填写标题栏。

四、注意事项

（1）图形布置要匀称，留出标注尺寸的位置。先依据图纸幅面、绘图比例和组合体的总体尺寸大致布图，再画出作图基准线（如组合体的底面或顶面、端面的投影，对称中心线等），确定三个视图的具体位置。

（2）正确运用形体分析法，按组合体的组成部分，一部分一部分地画。每一部分都应按其长、宽、高在三个视图上同步画底稿，以提高绘图速度。不要先画出一个完整的视图，再画另一个视图。

（3）标注尺寸时，不能照搬轴测图上的尺寸注法，应按标注三类尺寸的要求进行。

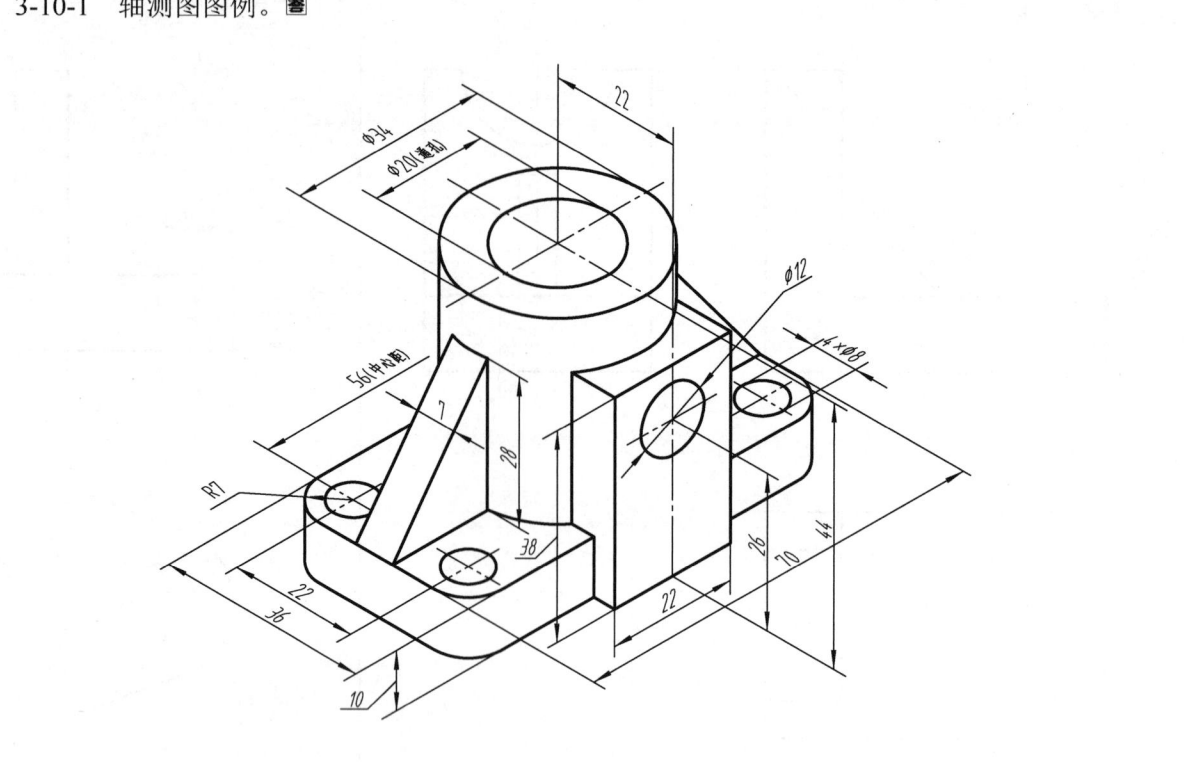

3-10-1 轴测图图例。

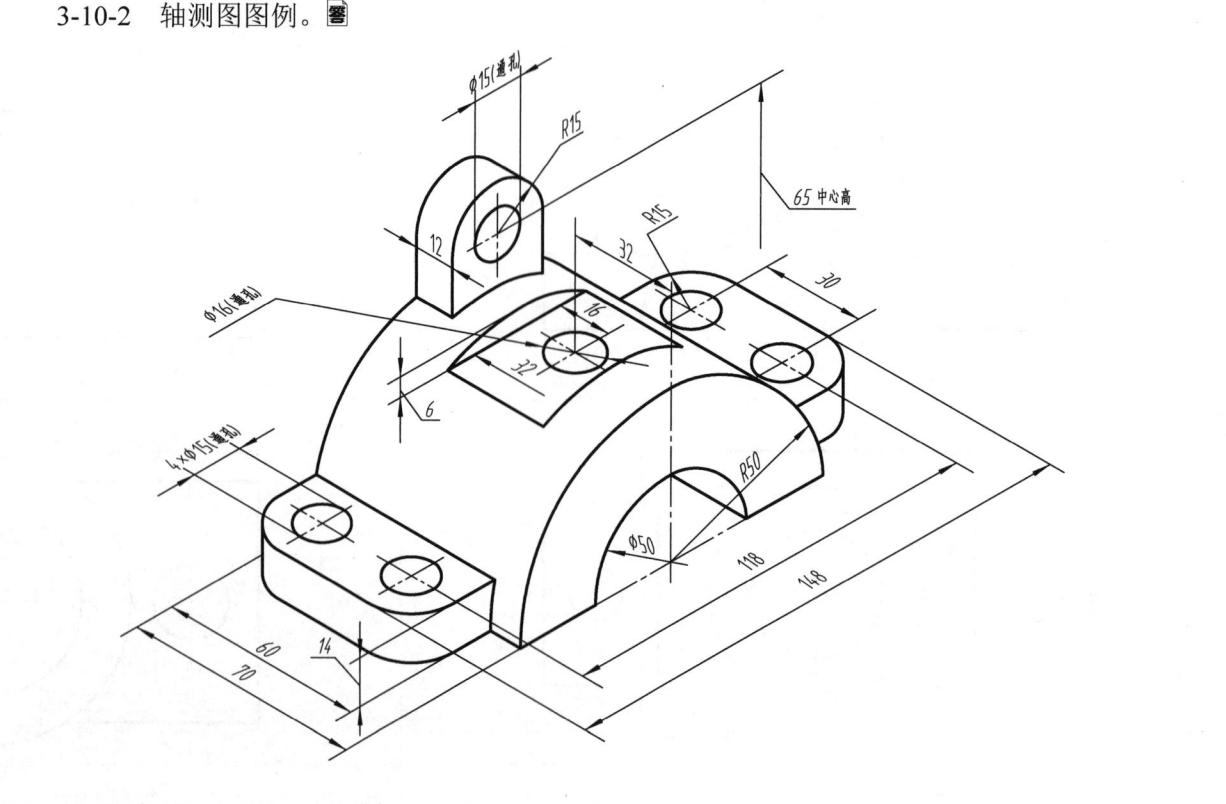

3-10-2 轴测图图例。

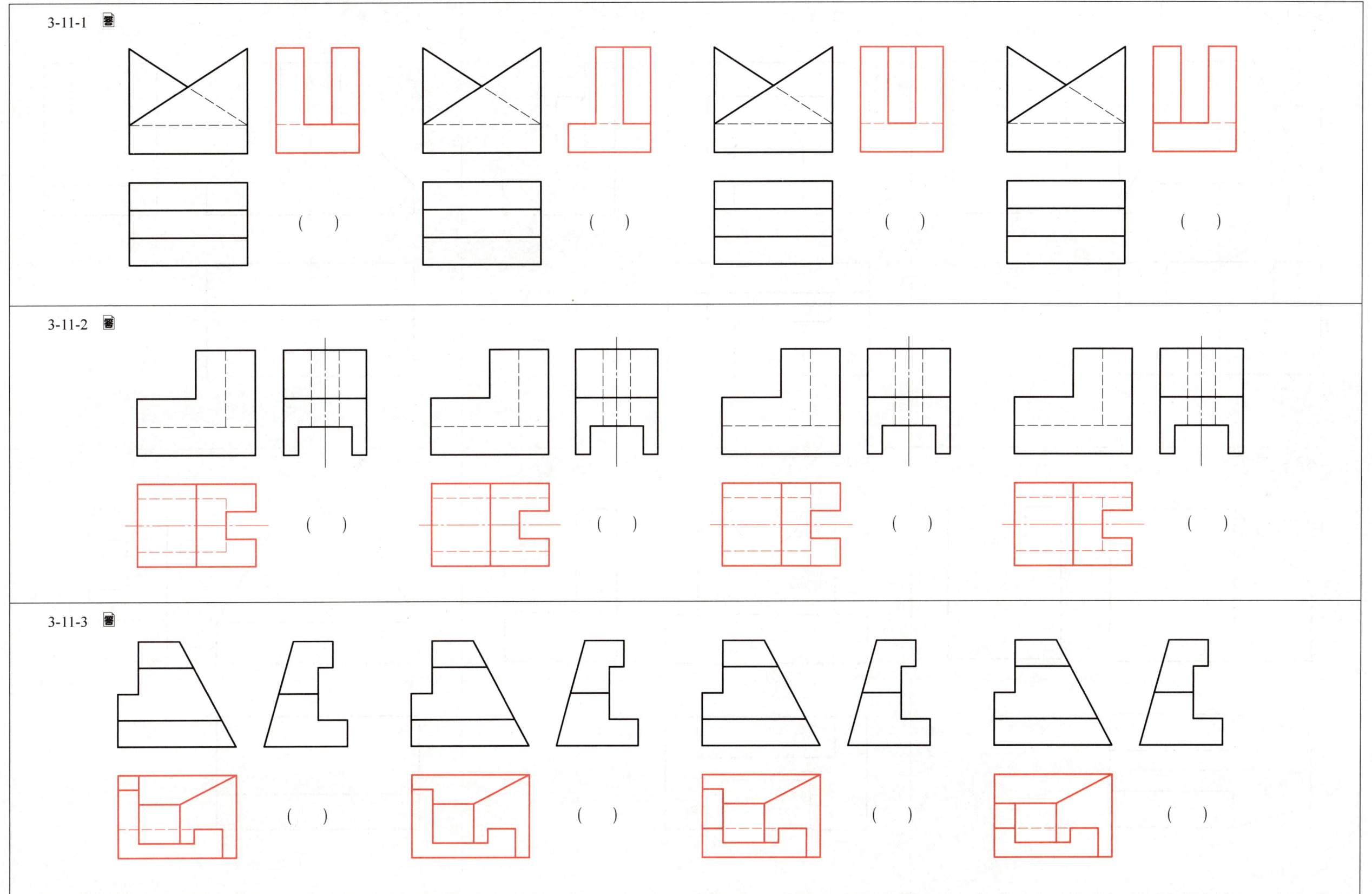

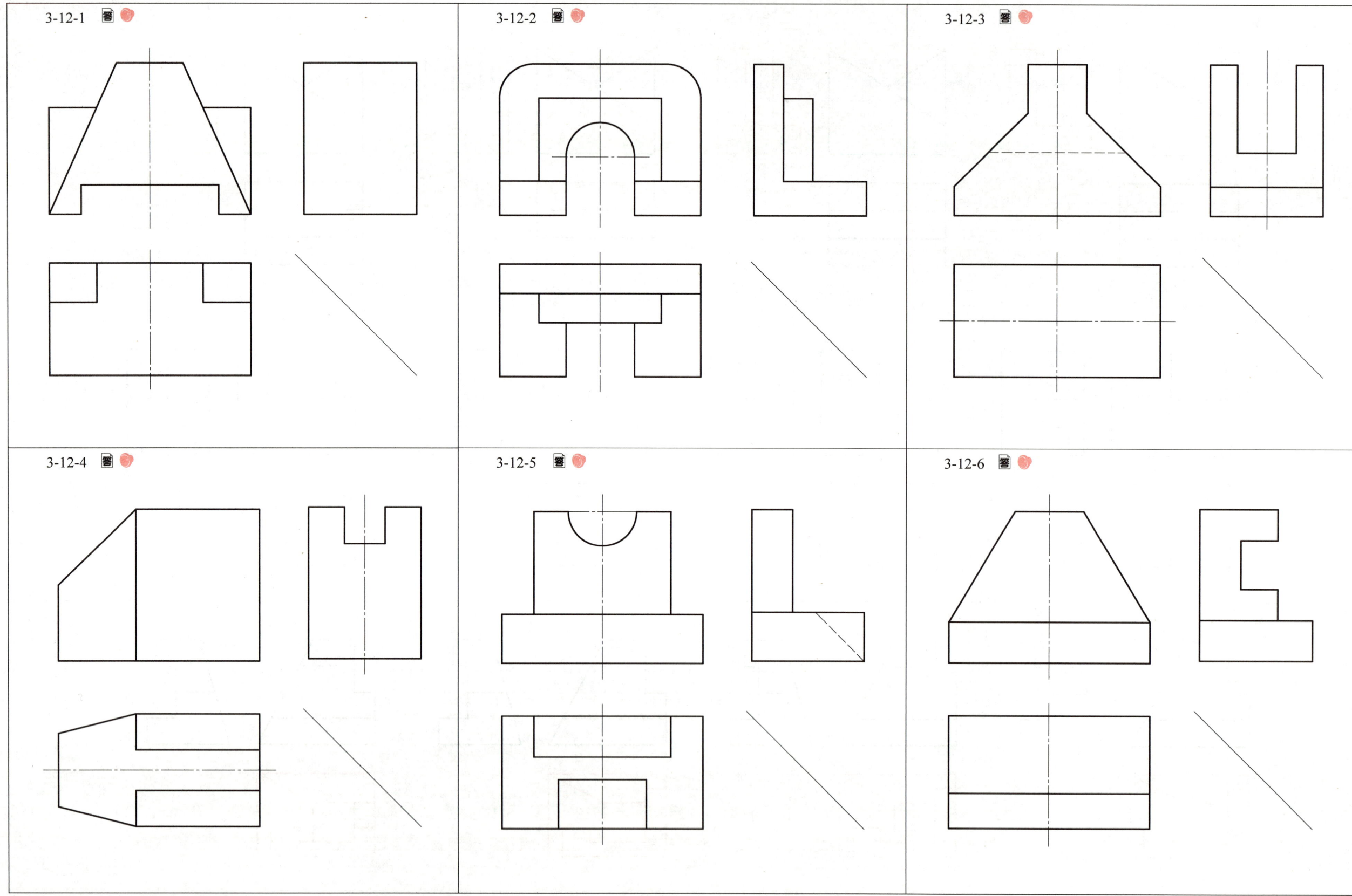

3-13 补画视图中所缺的图线（二）

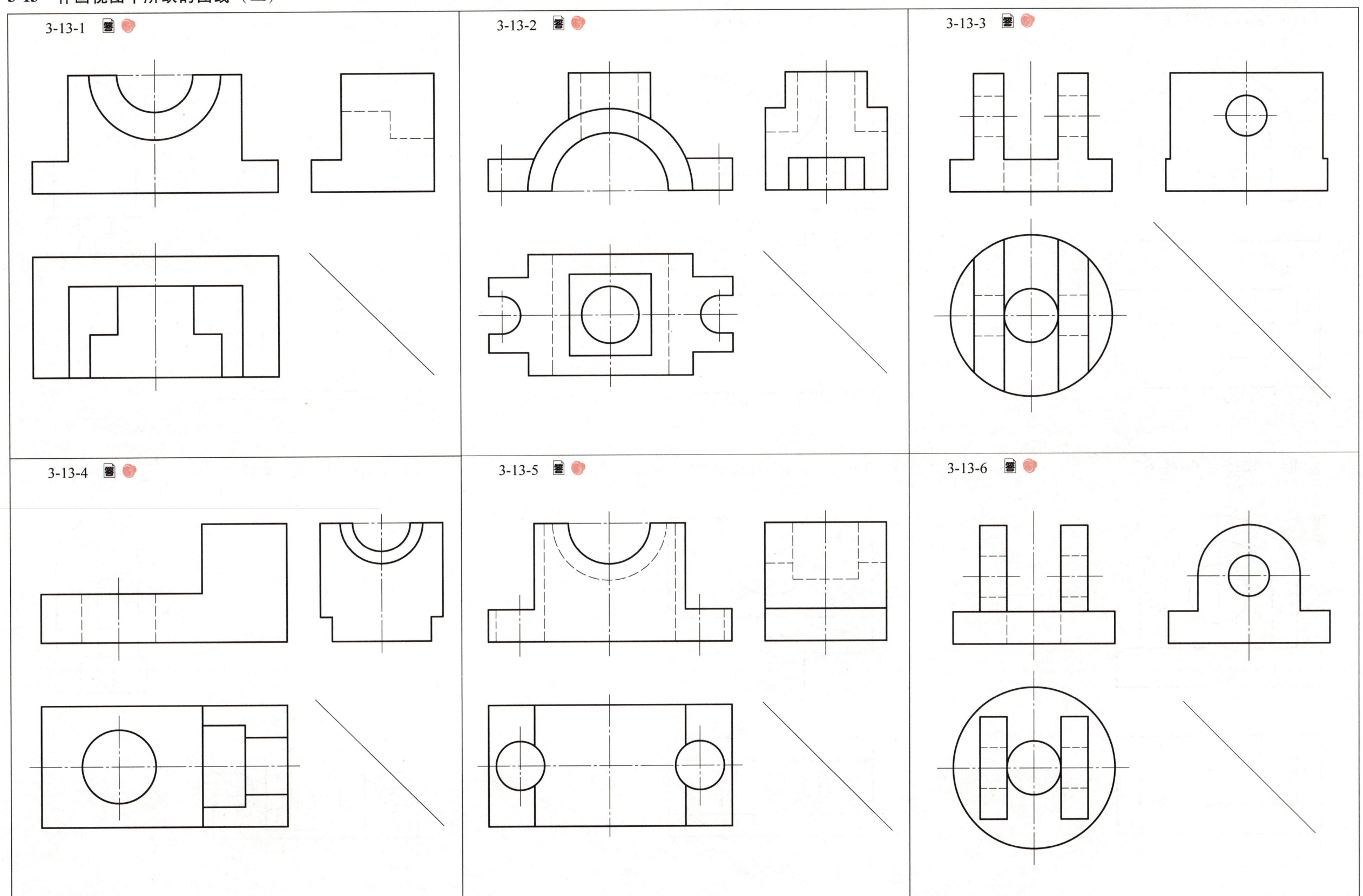

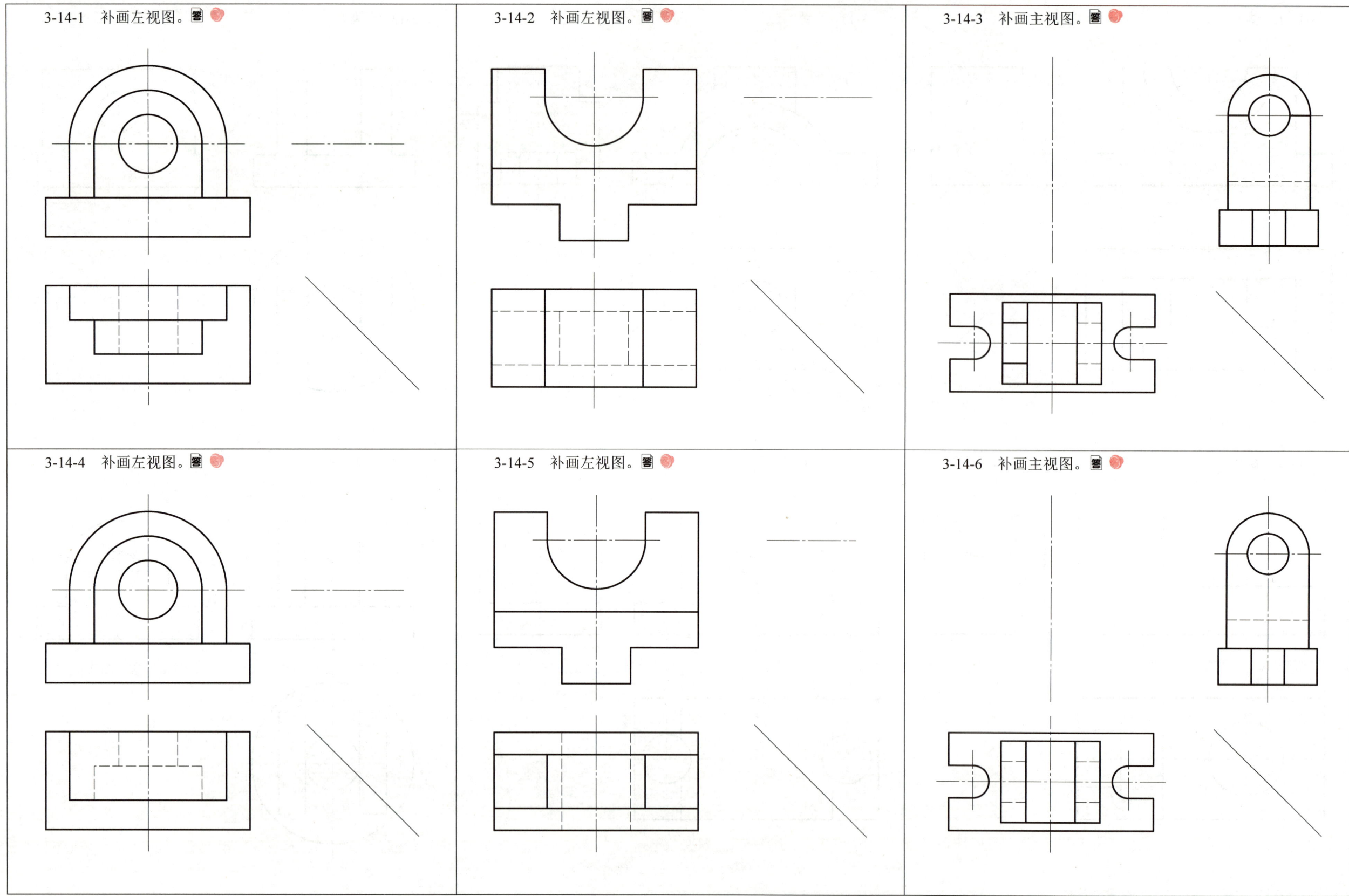

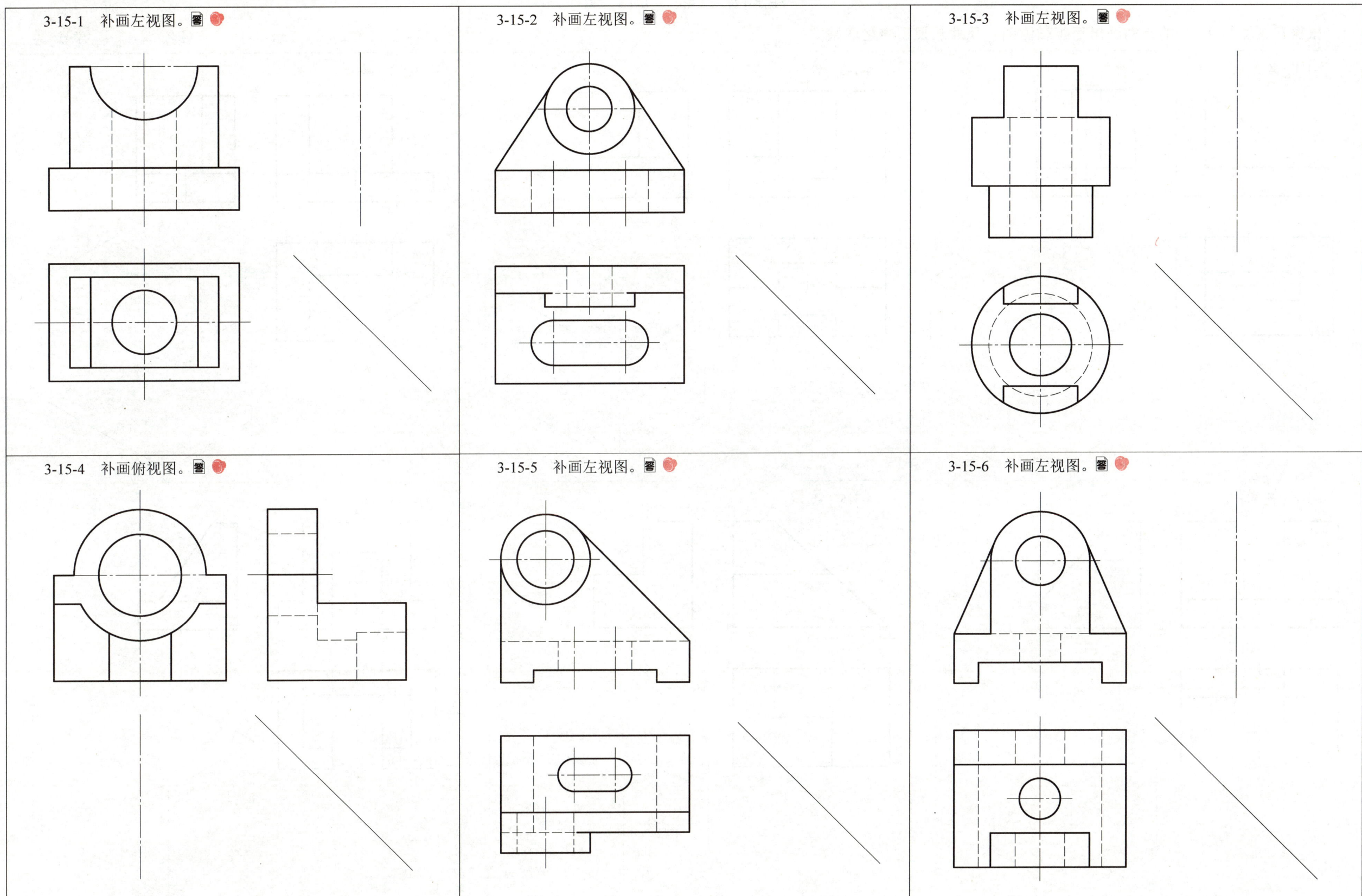

第四章 轴测图

4-1 根据三视图按 1∶1 的比例画出正等轴测图，尺寸从视图中量取整数

班级　　姓名　　学号

4-1-1

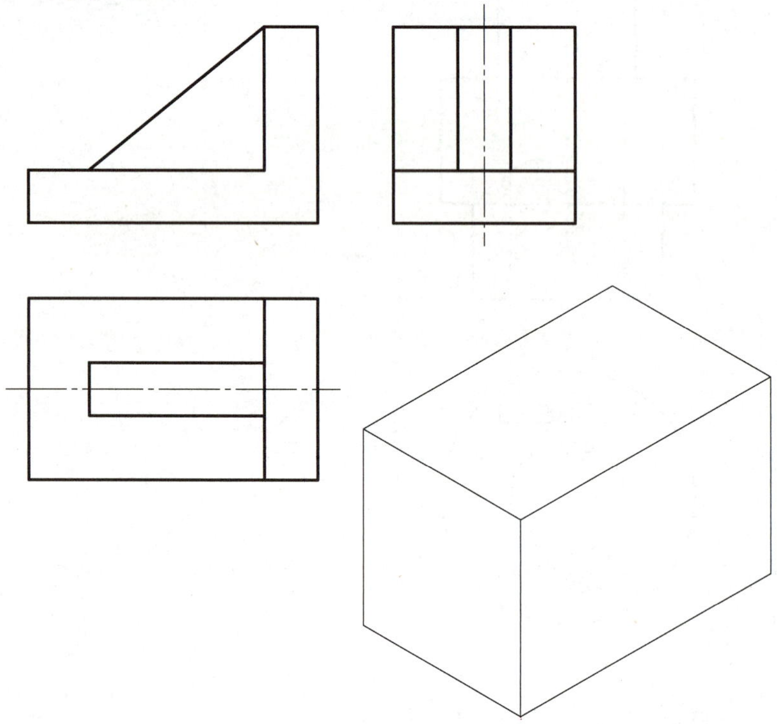

4-1-2

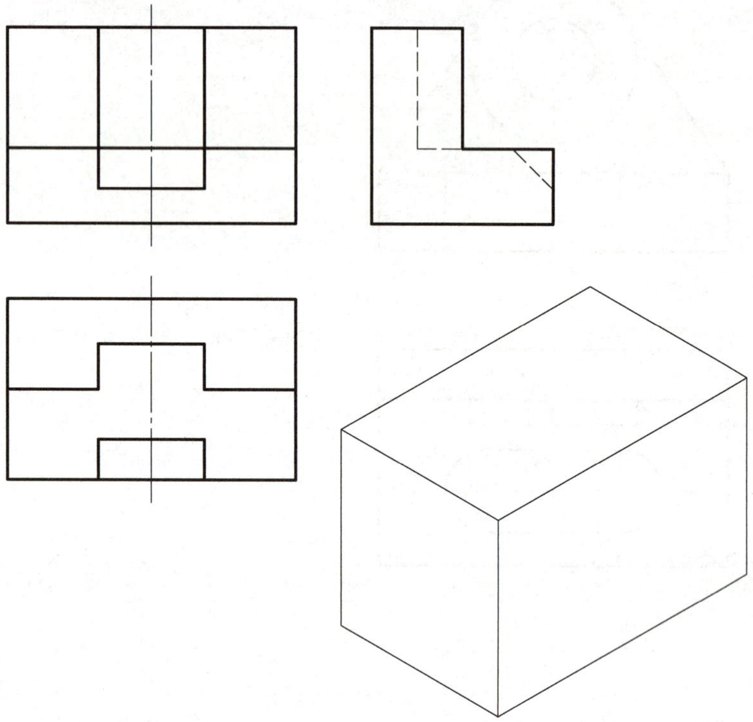

4-1-3

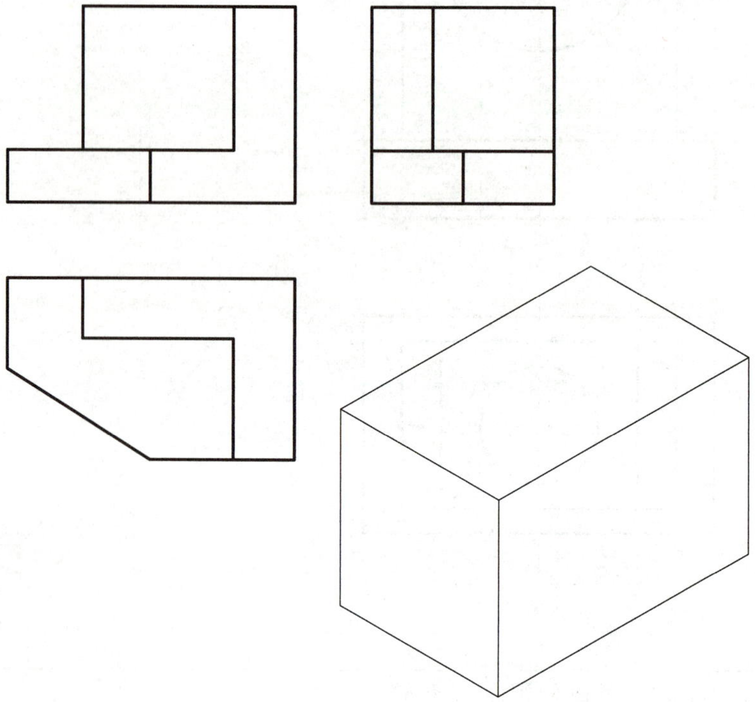

4-1-4

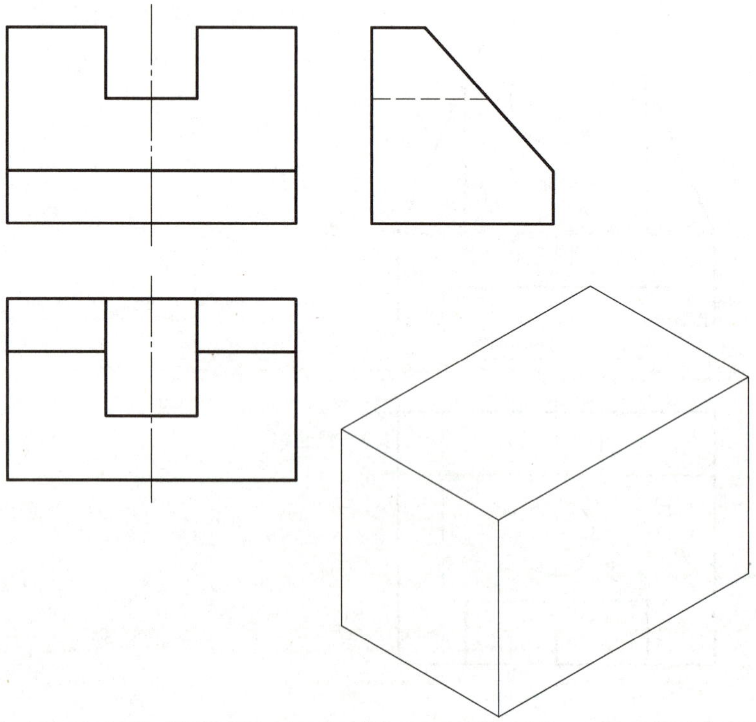

4-1-5

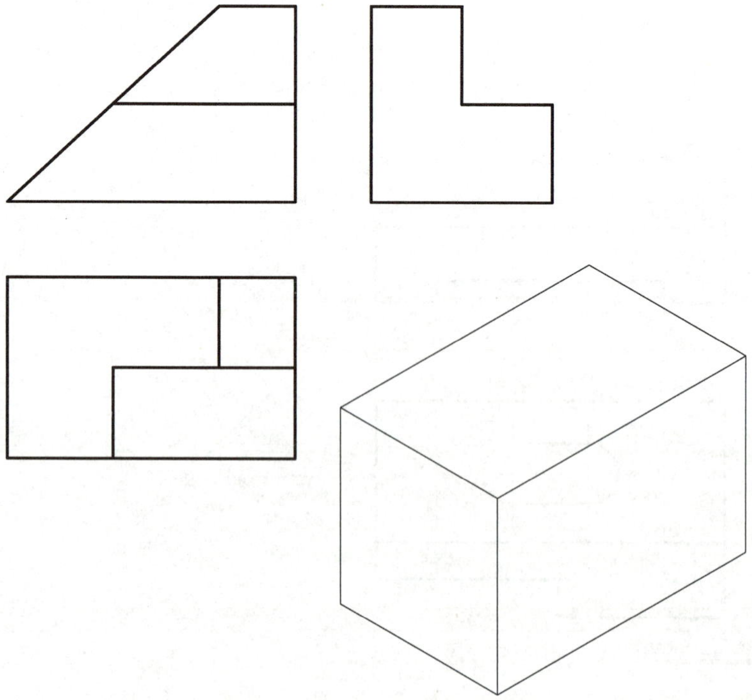

4-1-6

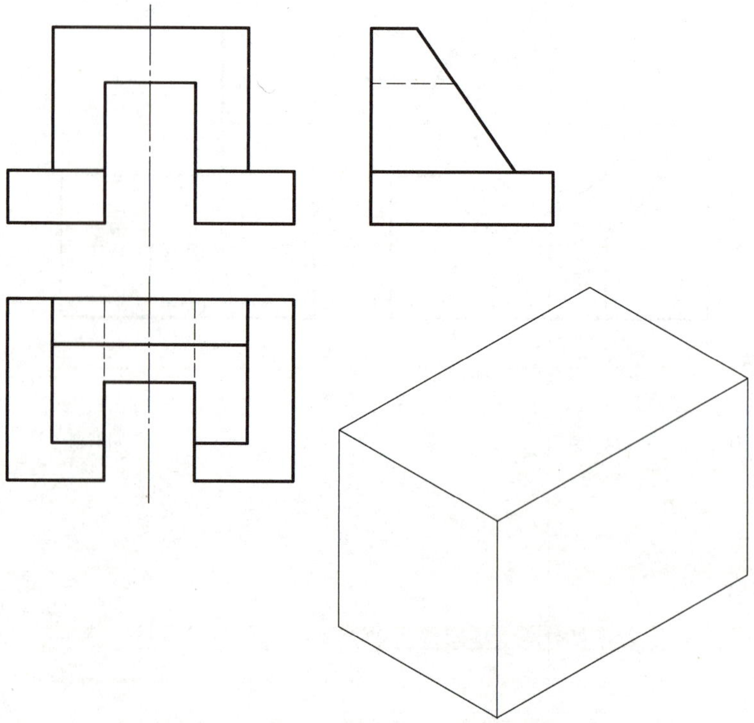

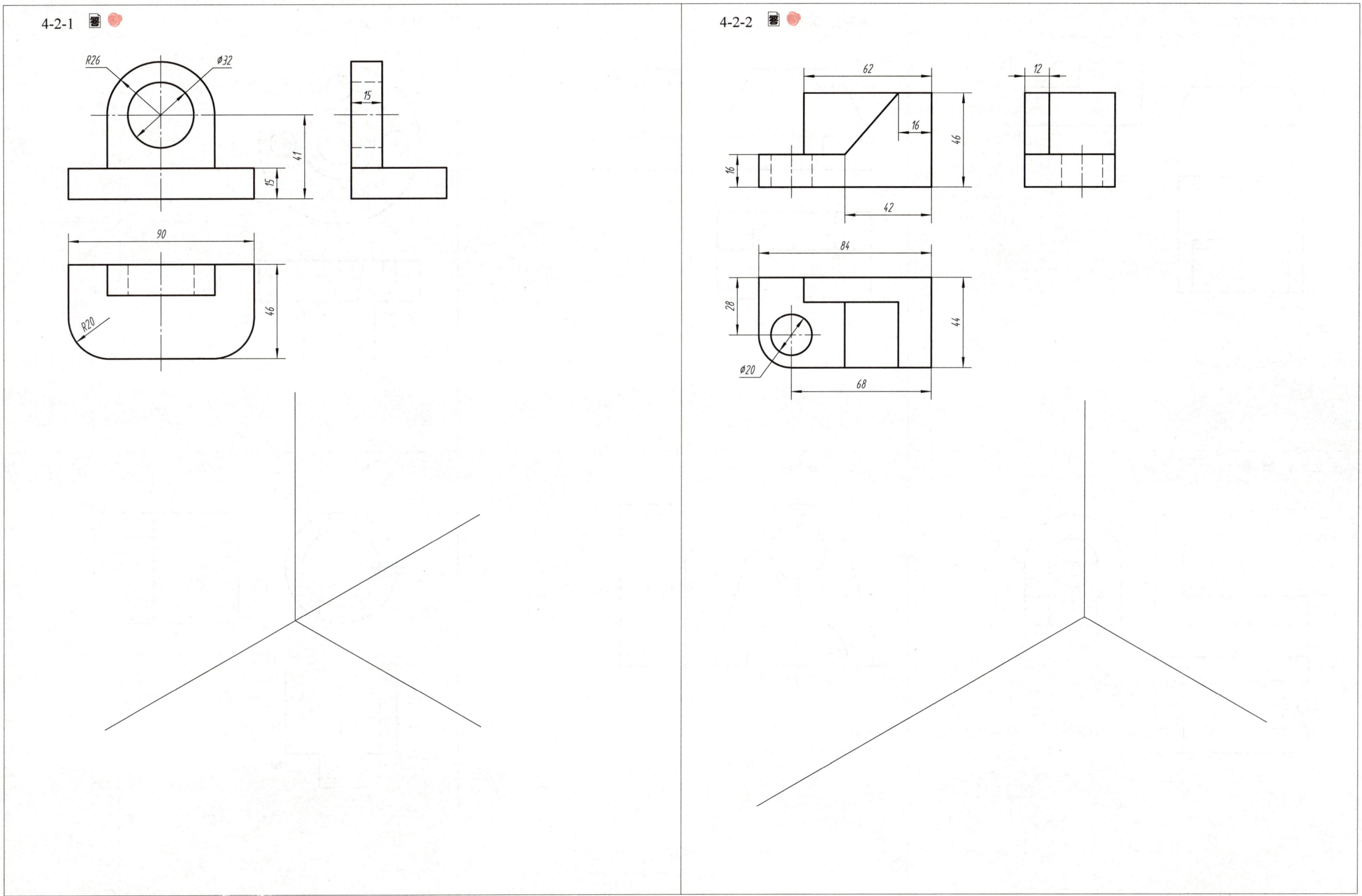

第五章 图样的基本表示法

5-1 基本视图和向视图表达方法练习　　　　　　　　　　　　　　　　　班级　　姓名　　学号

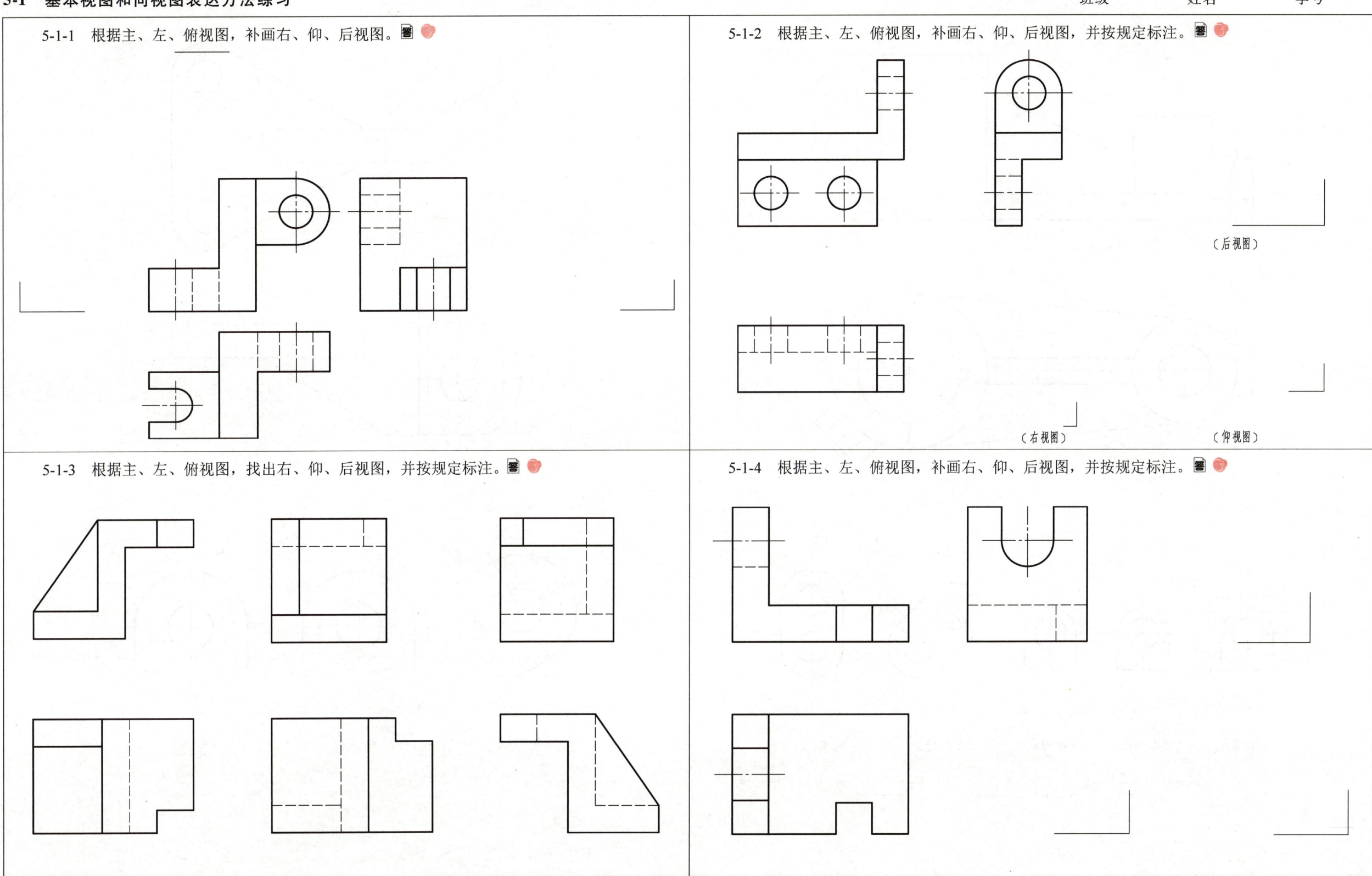

5-2 局部视图和斜视图表达方法练习

5-2-1 判断 A 向和 B 向视图是否正确，指出错误图例的错误原因。

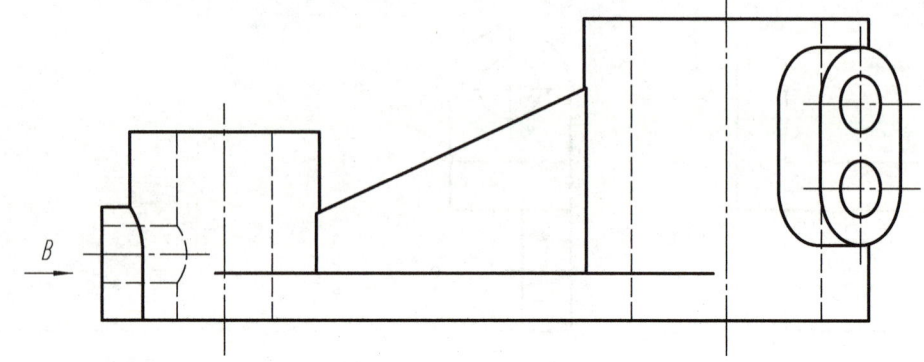

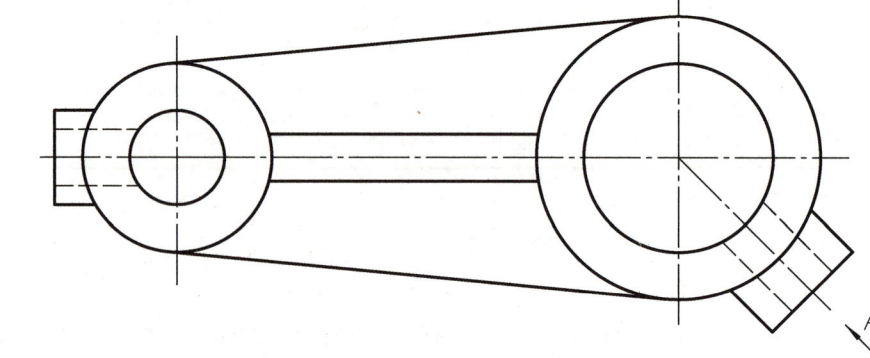

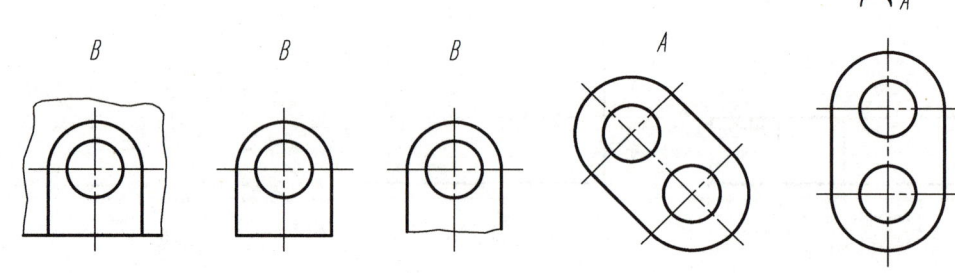

（正确、错误）　（正确、错误）　（正确、错误）　（正确、错误）　（正确、错误）

B 向称为 _____ 视图　　　A 向称为 _____ 视图

5-2-2 判断 A 向视图是否正确，指出错误图例的错误原因。

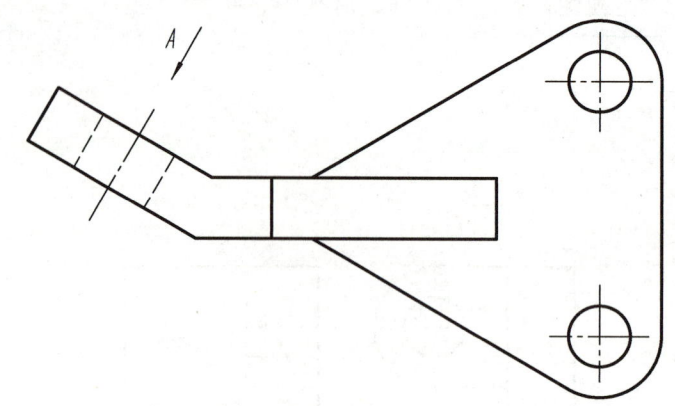

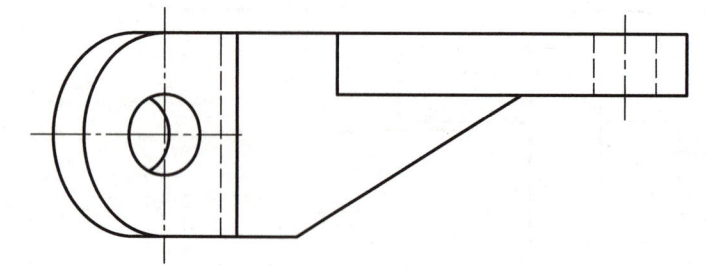

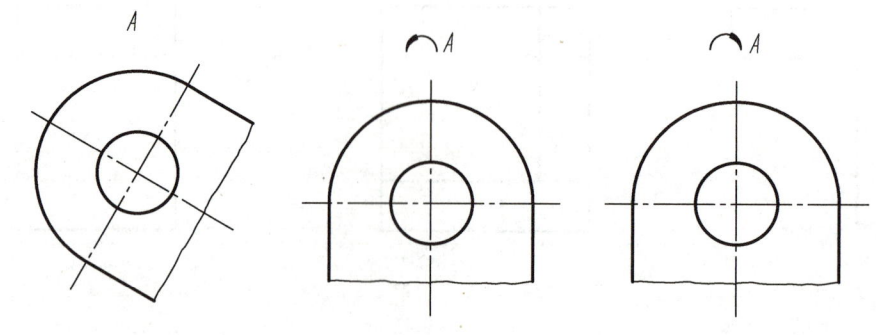

（正确、错误）　（正确、错误）　（正确、错误）

A 向称为 _____ 视图

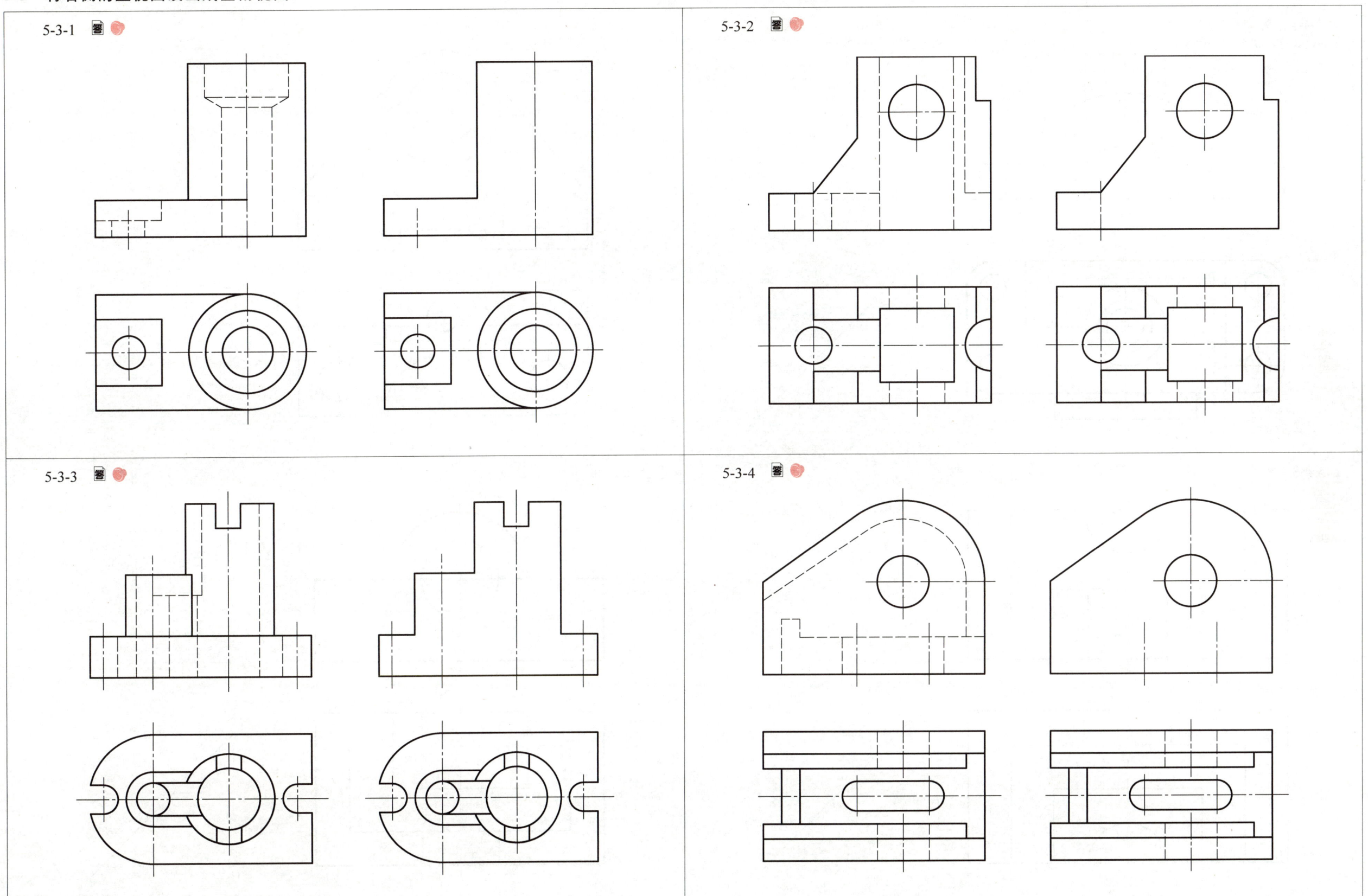

5-4 读懂主、俯视图，画出全剖的左视图

班级　　姓名　　学号

5-4-1

5-4-2

5-4-3

5-4-4

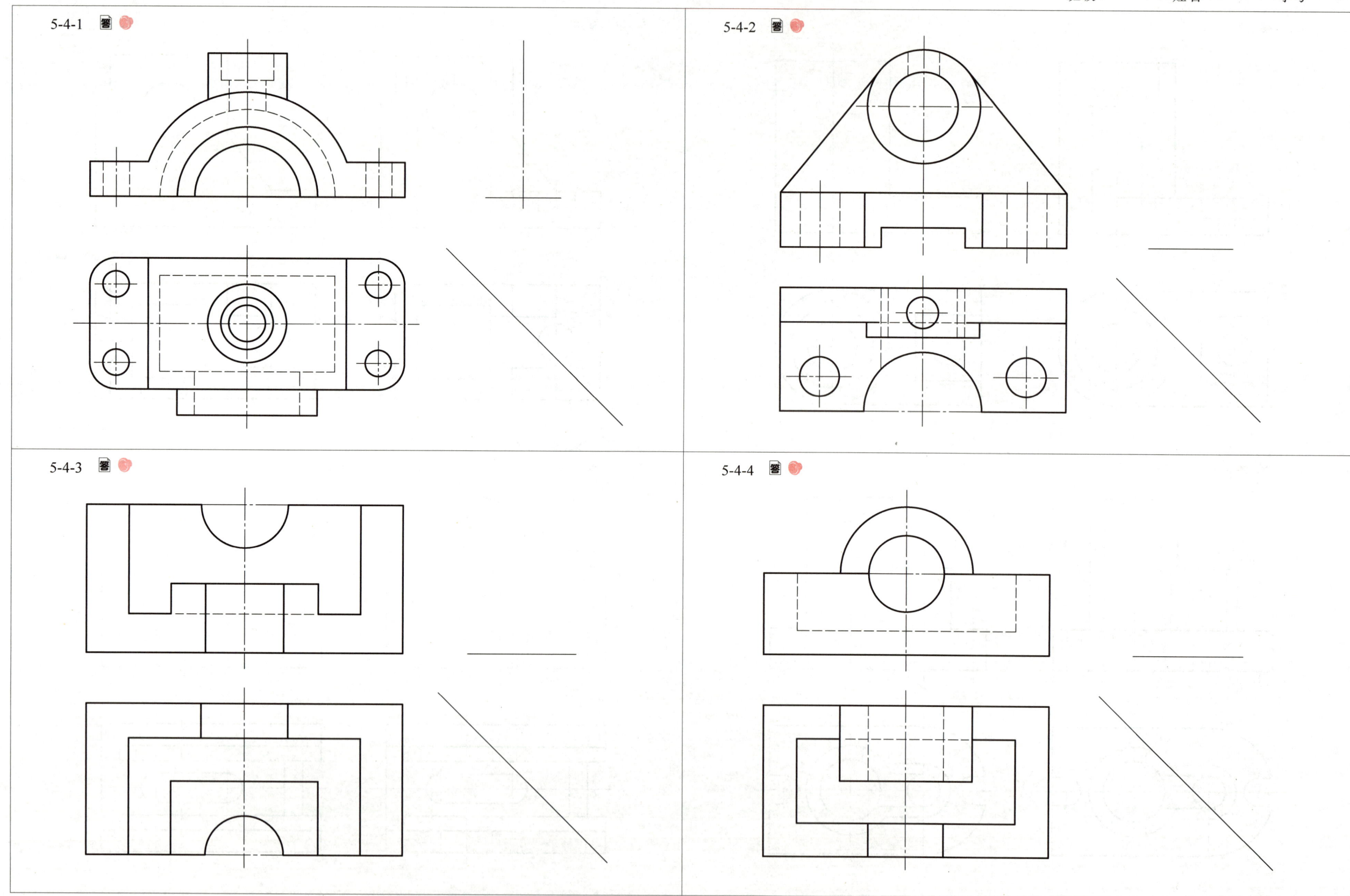

40

5-5 选择正确的主视图，并在相应的括号内画"√"

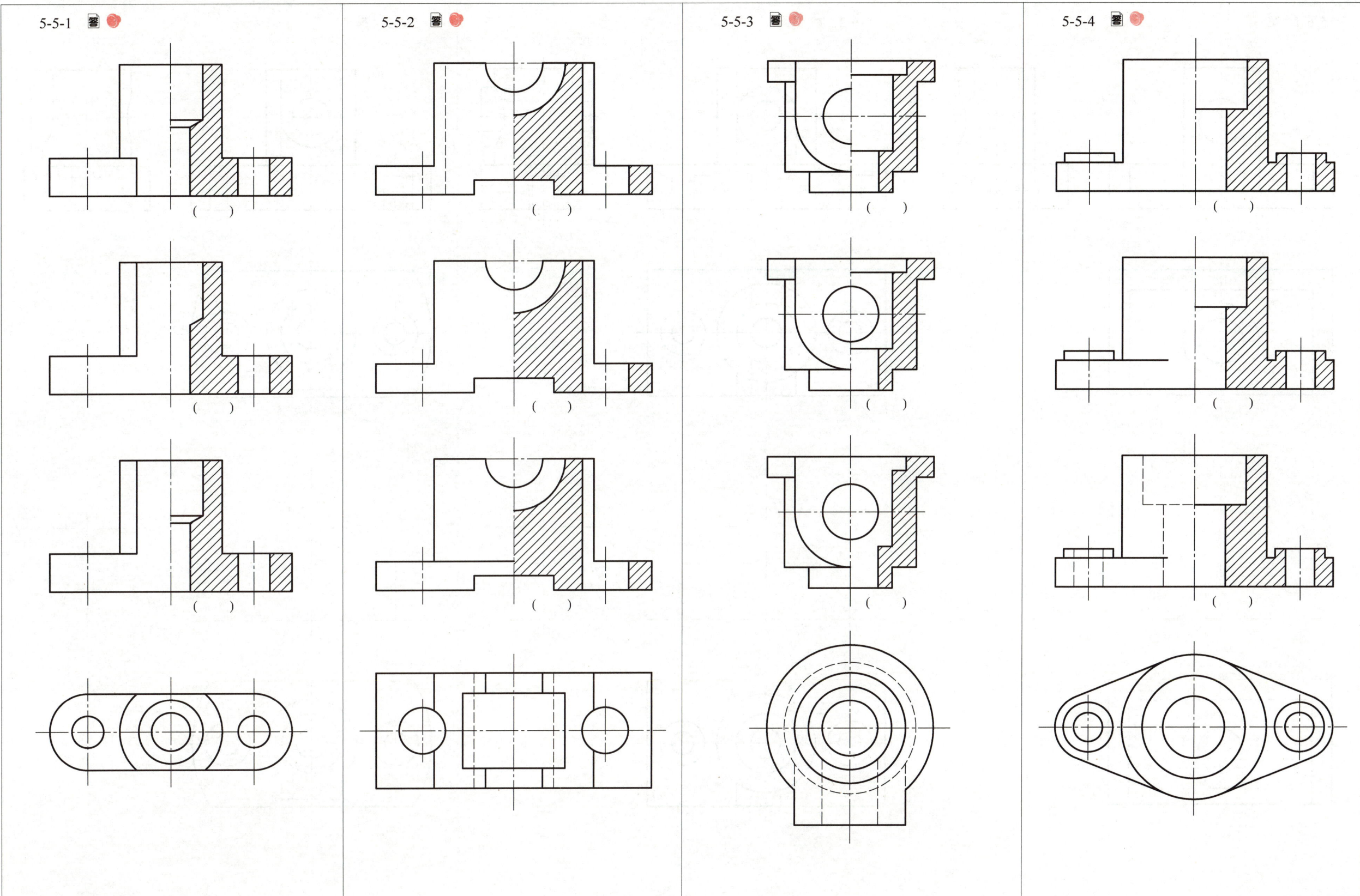

5-6 读懂三视图，将主视图改画成半剖视图、左视图改画成全剖视图

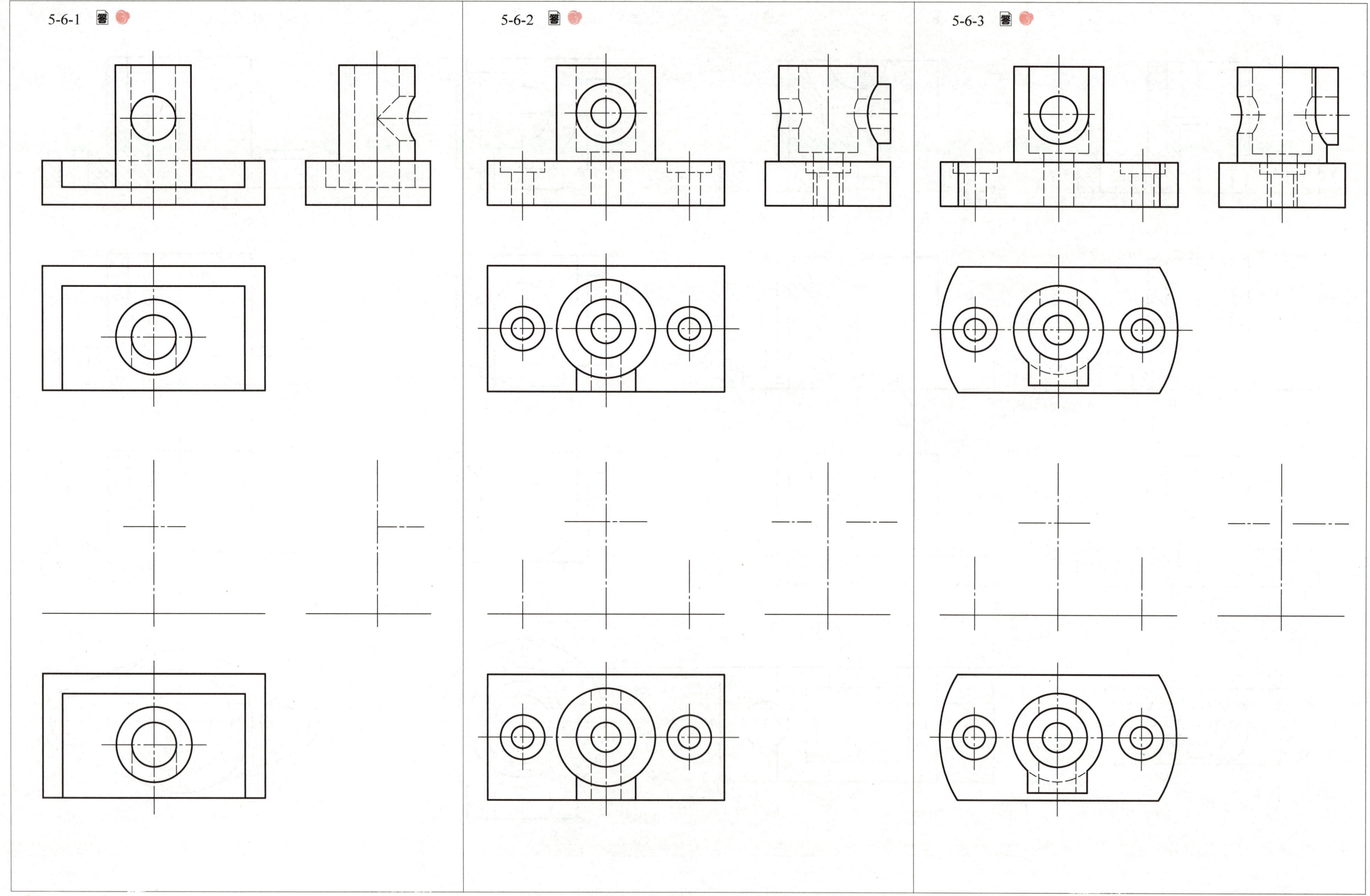

5-7 选择正确的主视图，并在相应的括号内画"√"

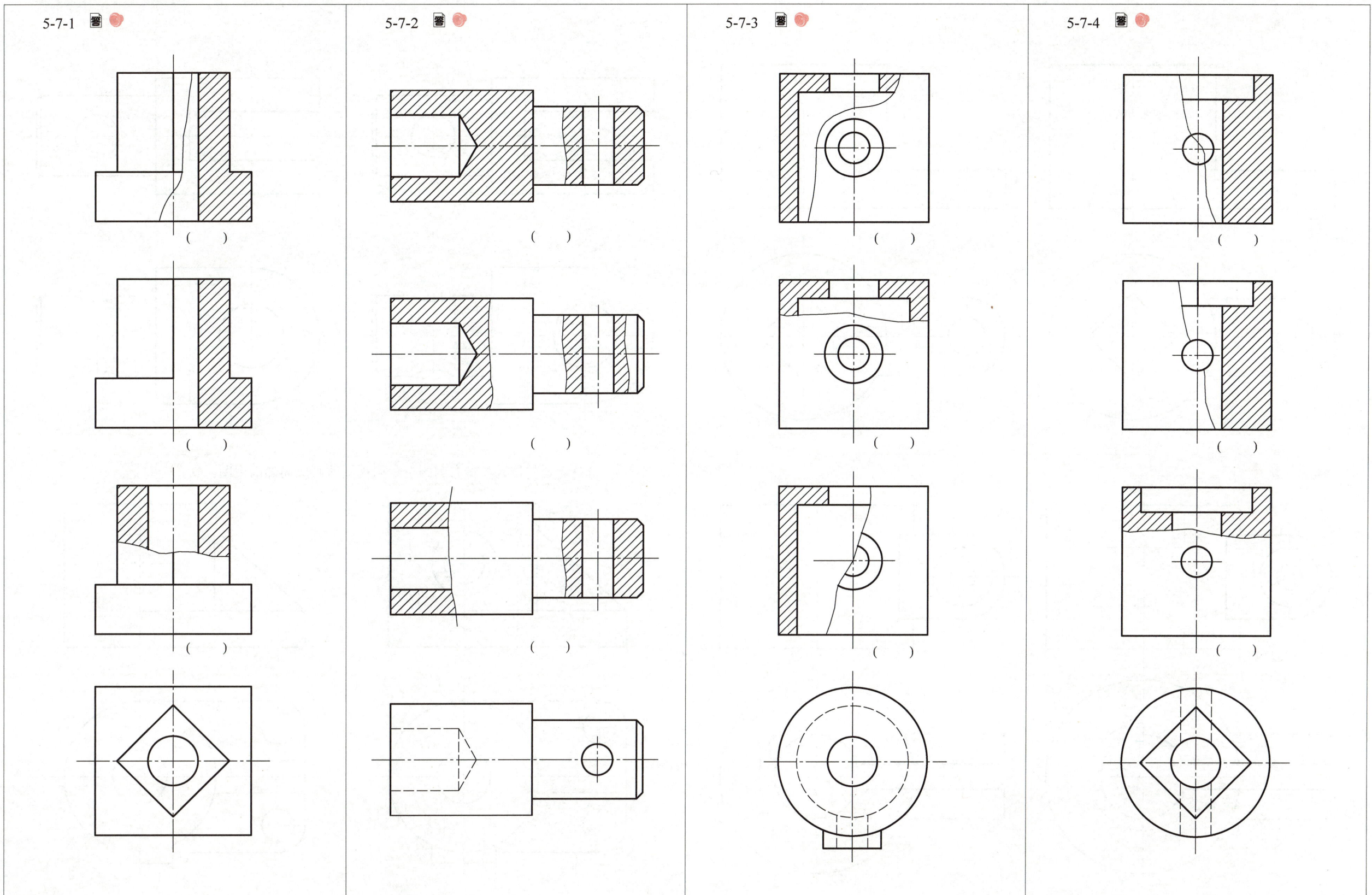

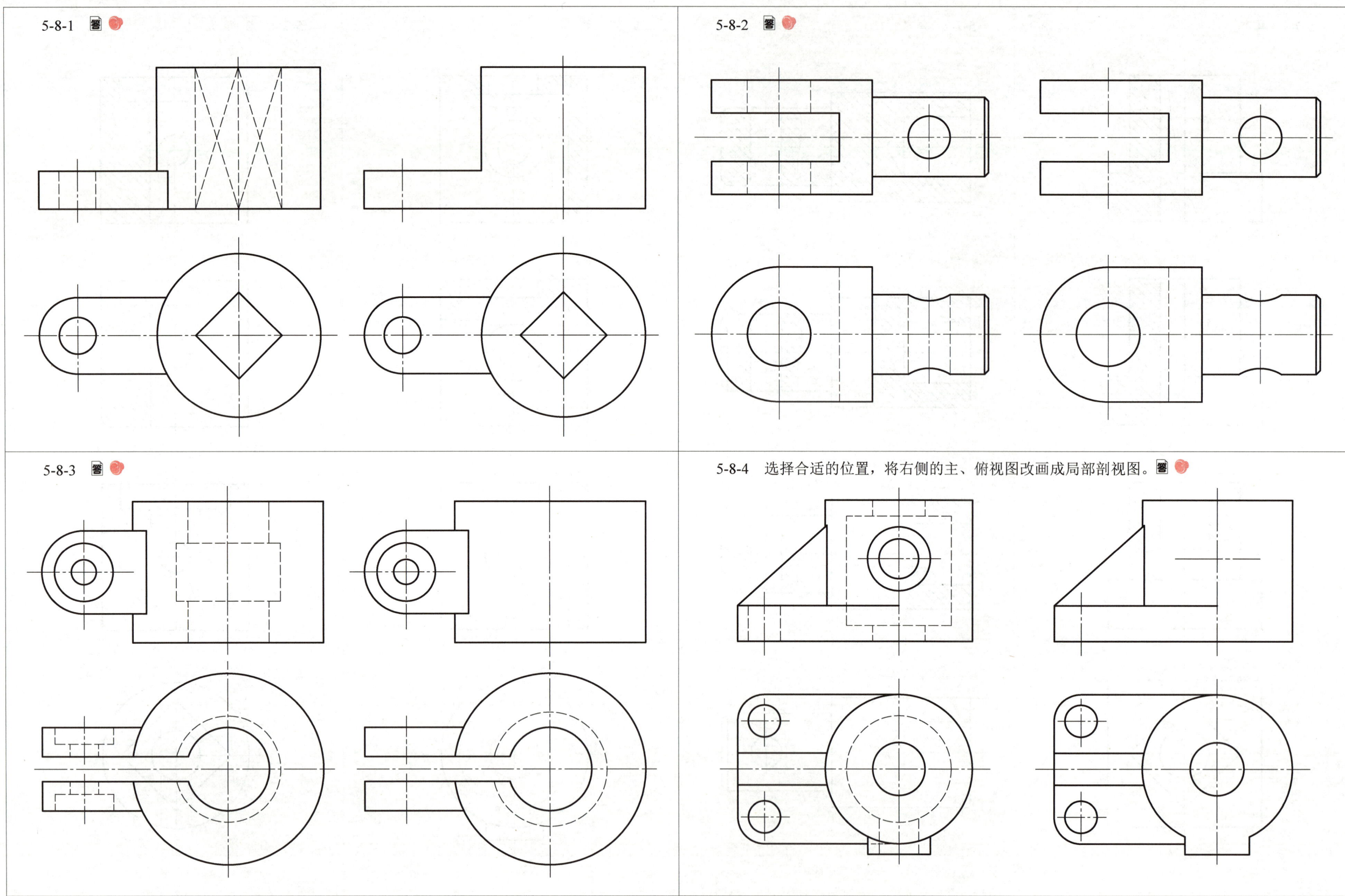

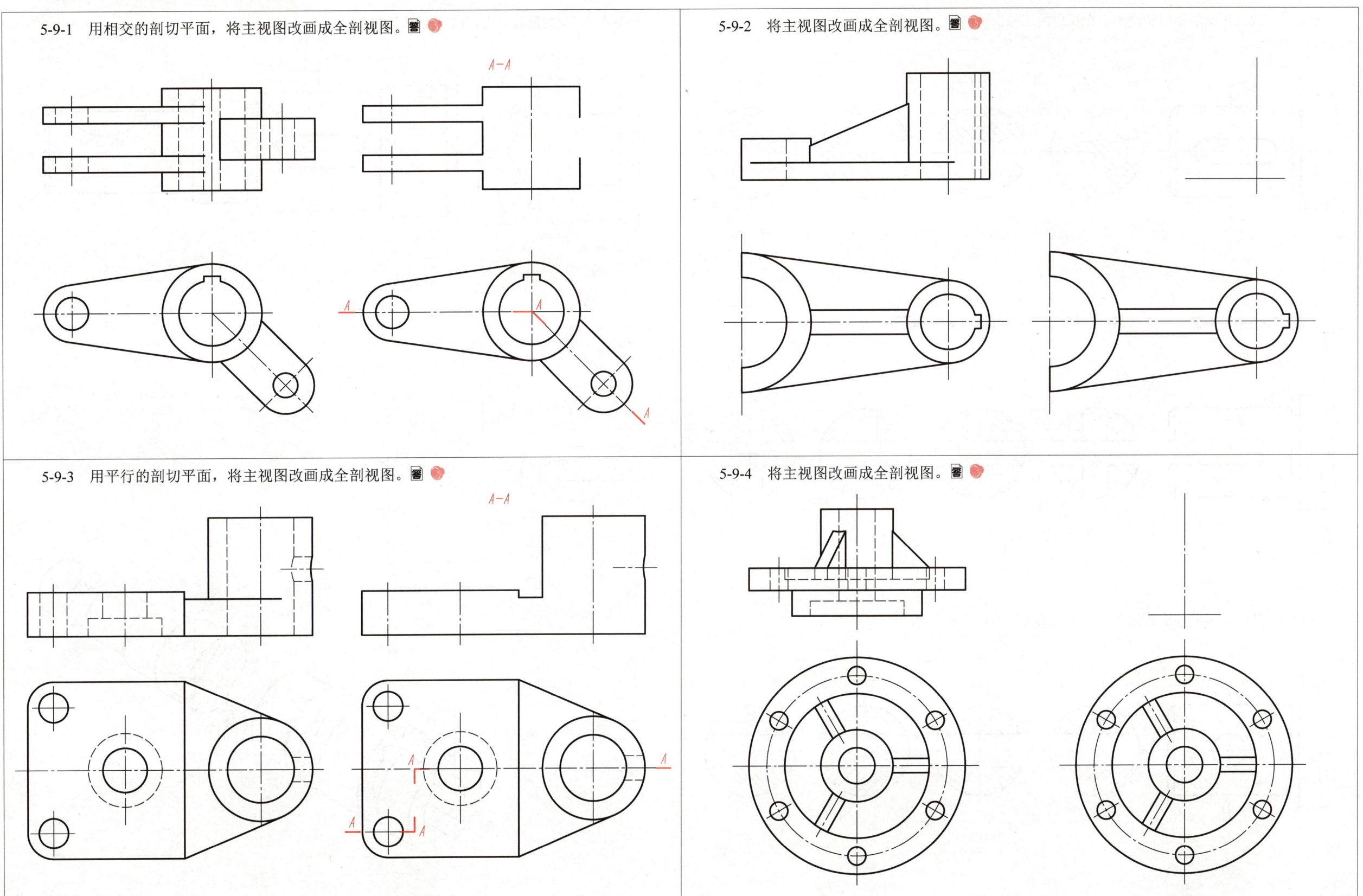

5-10 移出断面图画法练习

5-10-1 找出正确的移出断面图，在相应的括号内画"√"。

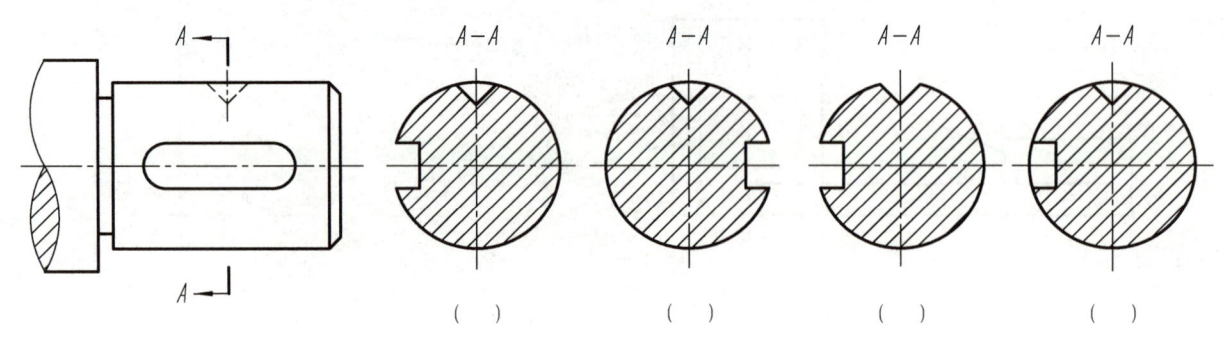

5-10-2 找出正确的移出断面图，在相应的括号内画"√"。

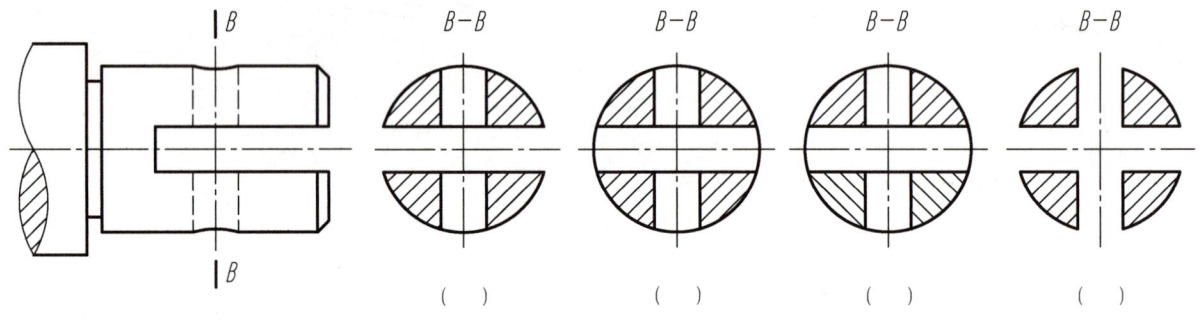

5-10-3 找出正确的移出断面图，在相应的括号内画"√"。

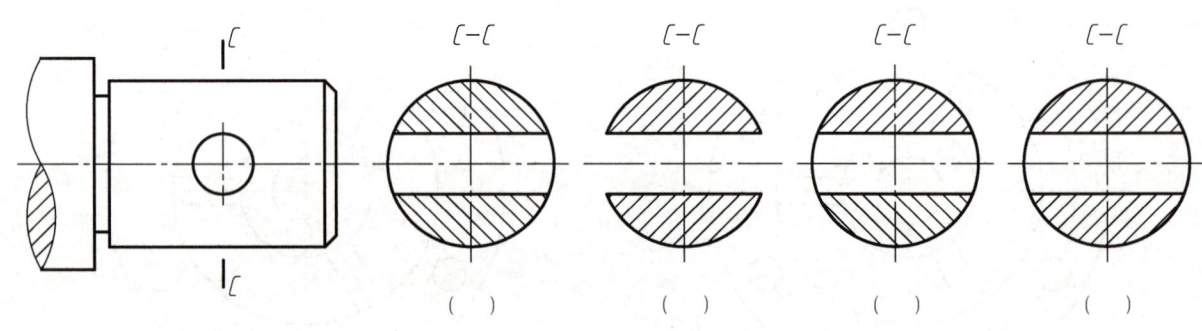

5-10-4 在指定位置画出移出断面图。

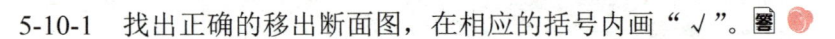

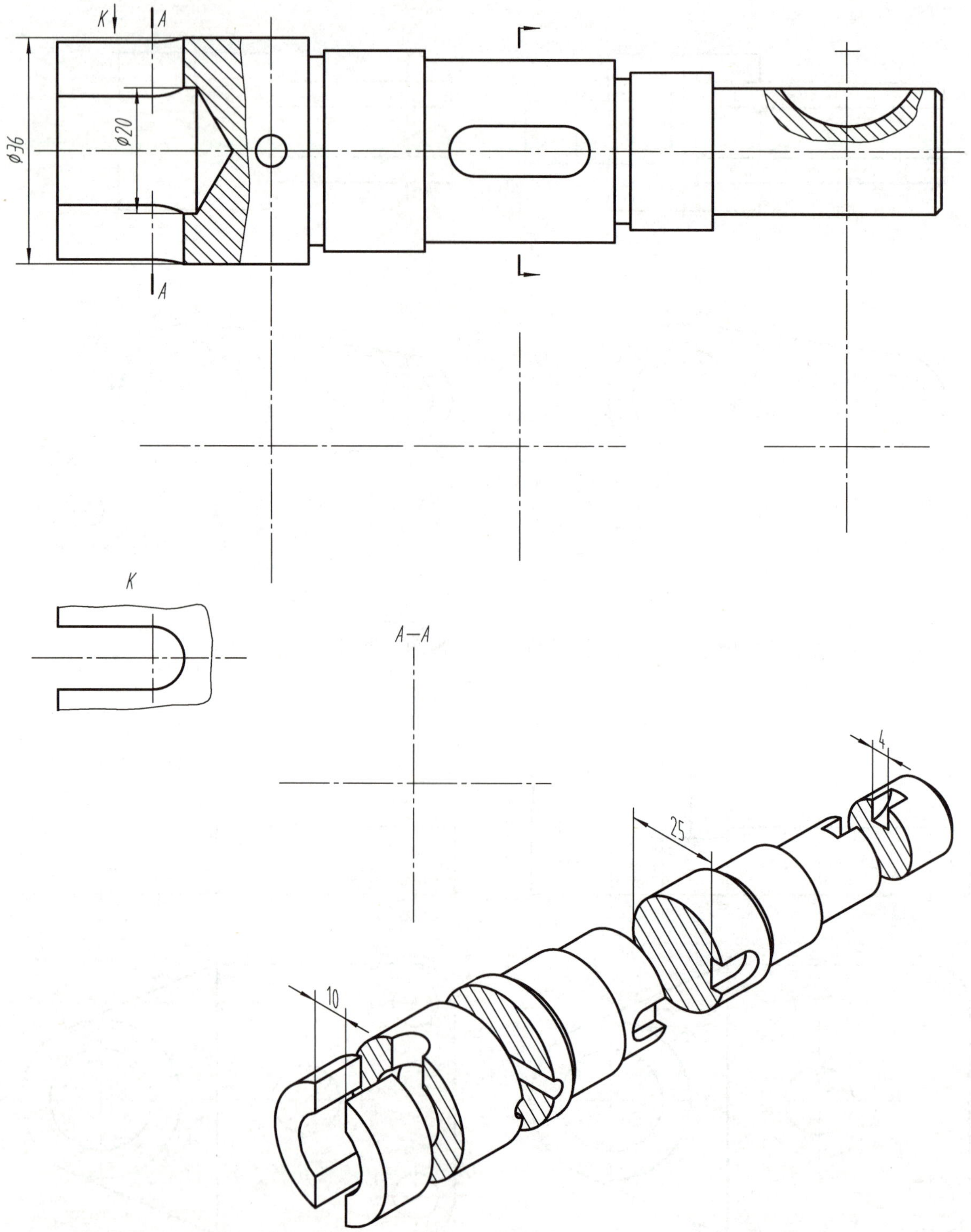

5-11 尺规图作业——表达方法练习

№4 作业指导书

一、作业目的

（1）培养选择物体表达方法的基本能力。

（2）进一步理解剖视的概念，掌握剖视图的画法。

二、内容与要求

（1）根据任课教师指定的图例（或模型），选择合适的表达方法并标注尺寸。

（2）自行确定比例及图纸幅面，用铅笔描深。

三、注意事项

（1）应用形体分析法，看清物体的形状结构。首先考虑把主要结构表达清楚，对尚未表达清楚的结构可采用适当的表达方法（辅助视图、剖视图等）或改变投射方向予以解决。可多考虑几种表达方案，并进行比较，从中确定最佳方案。

（2）剖视图应直接画出，而不是先画成视图，再将视图改成剖视图。

（3）要注意剖视图的标注。分清哪些剖切位置可以不标注，哪些剖切位置必须标注。

（4）要注意局部剖视图中波浪线的画法。

（5）剖面线的方向和间隔应保持一致。

（6）不要照抄图例中的尺寸注法。应用形体分析法，结合剖视图的特点标注尺寸，确保所注尺寸既不遗漏，也不重复。

四、图例（下方）

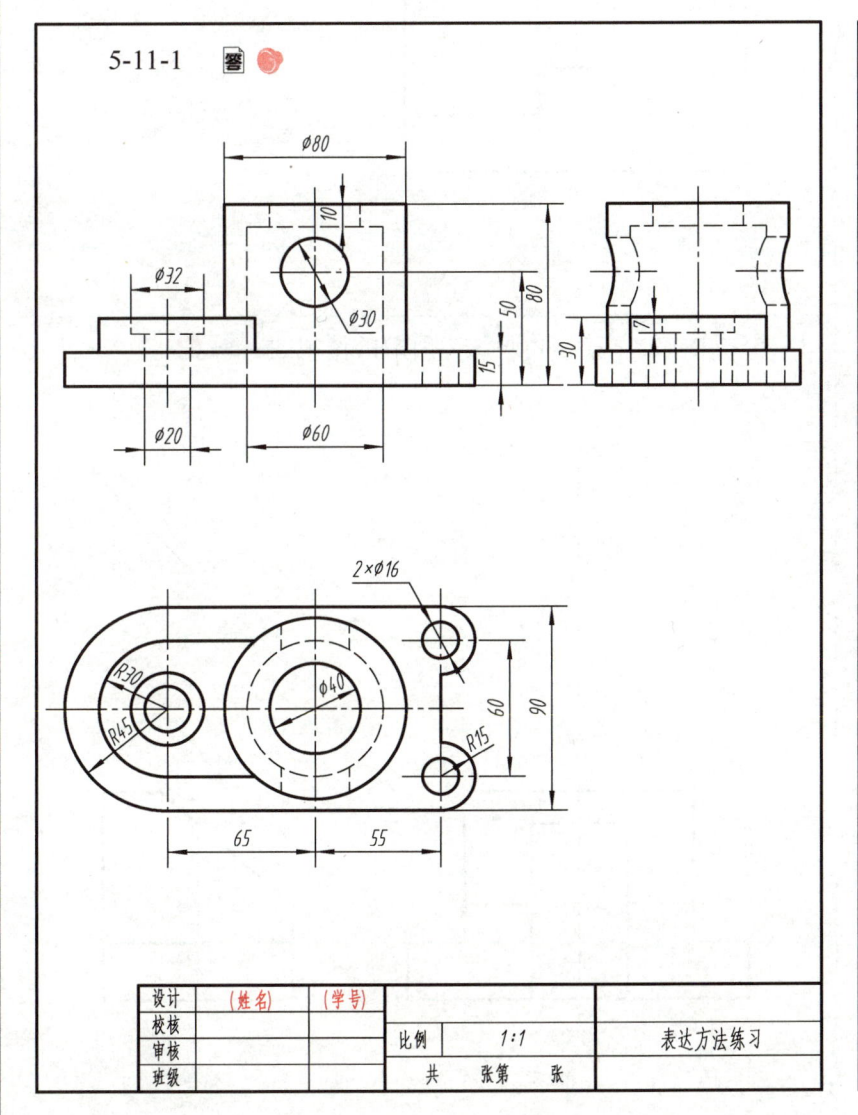

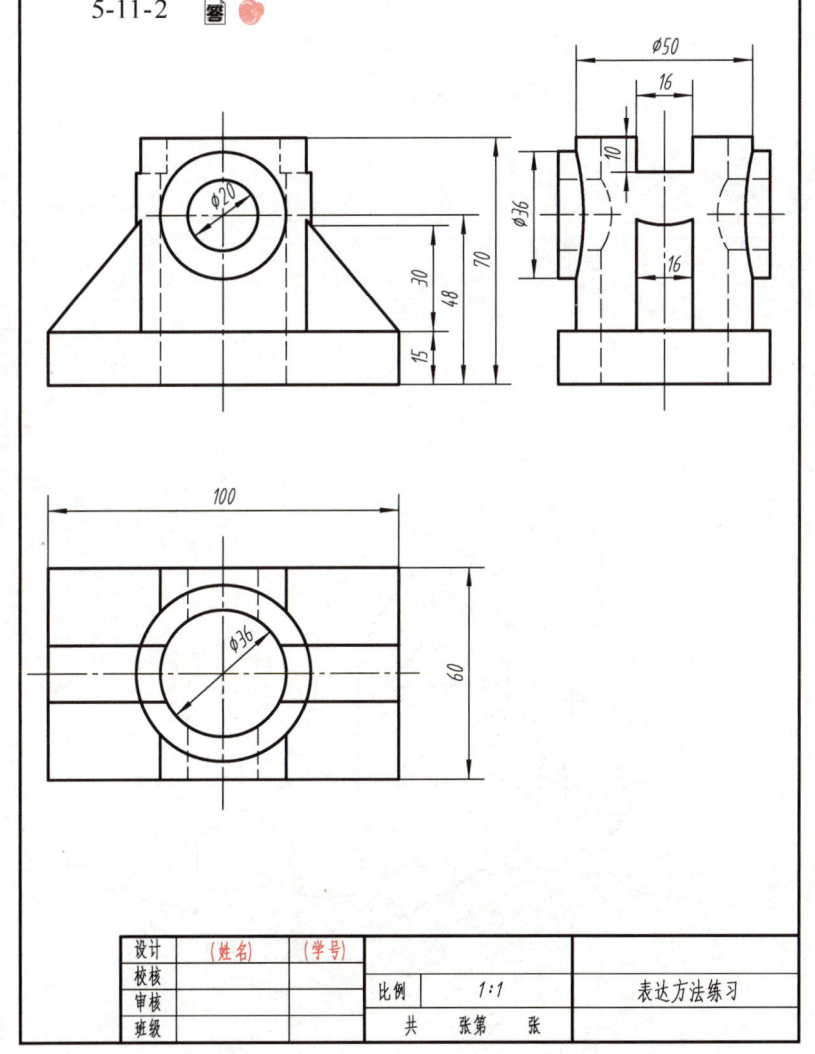

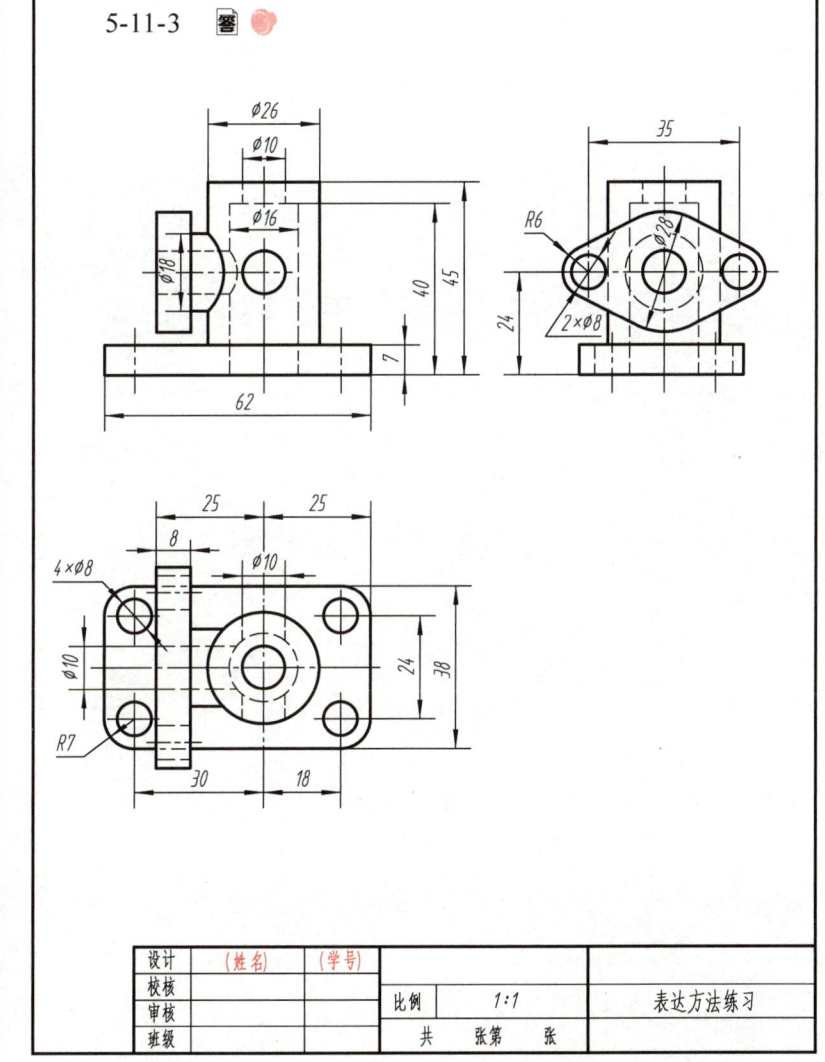

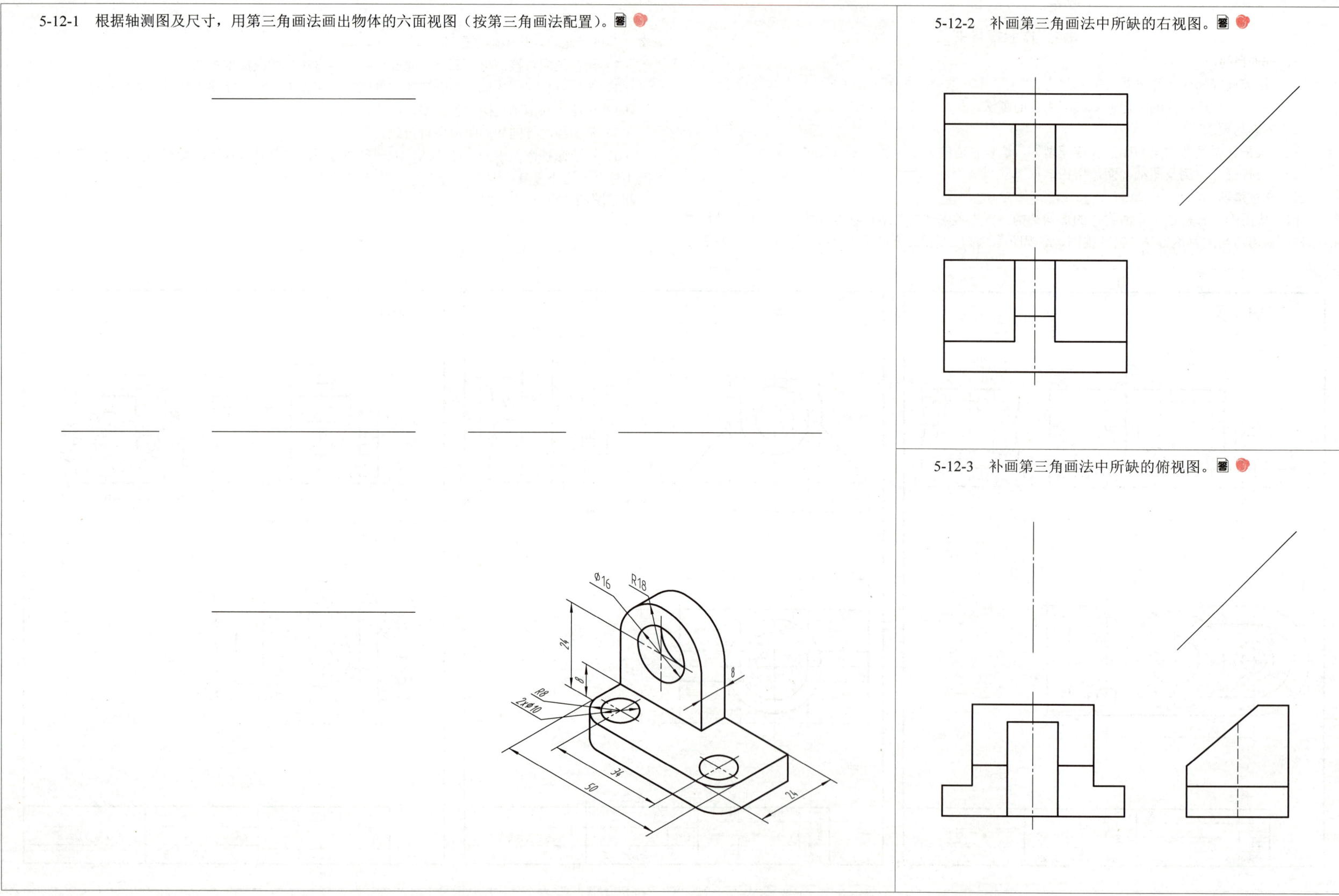

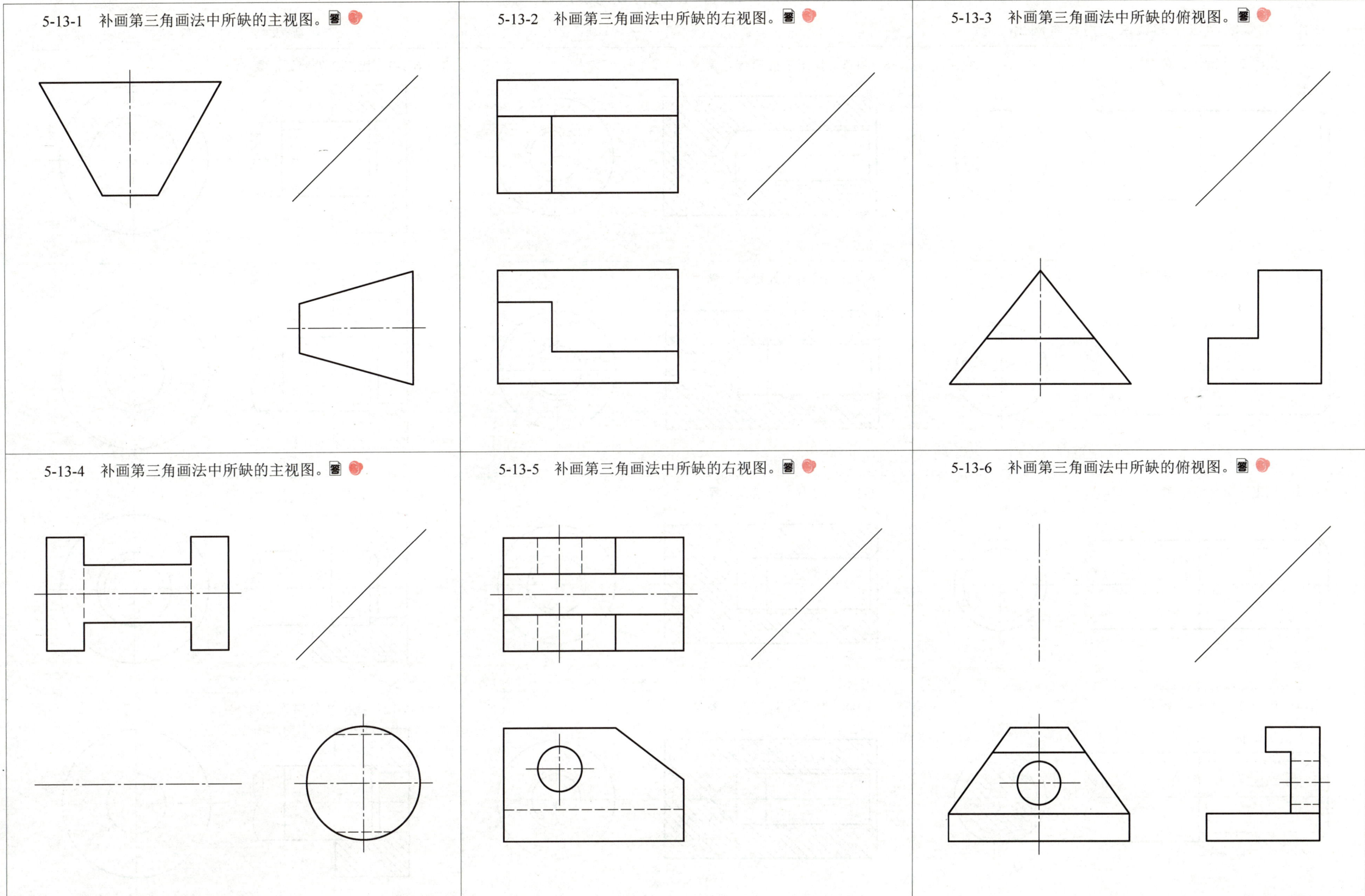

第六章 图样中的特殊表示法

6-1 找出下列螺纹画法中的错误,用铅笔圈出

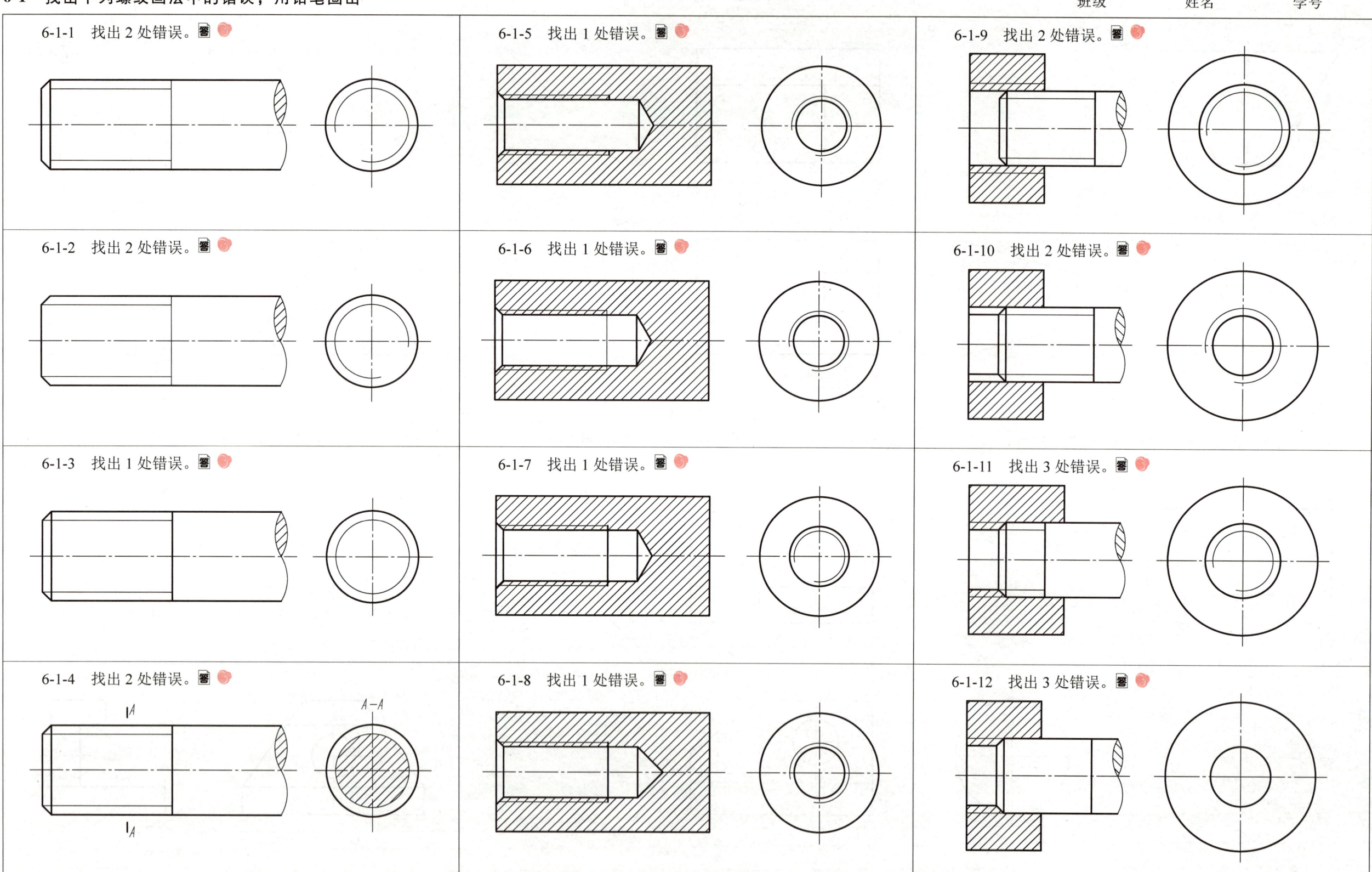

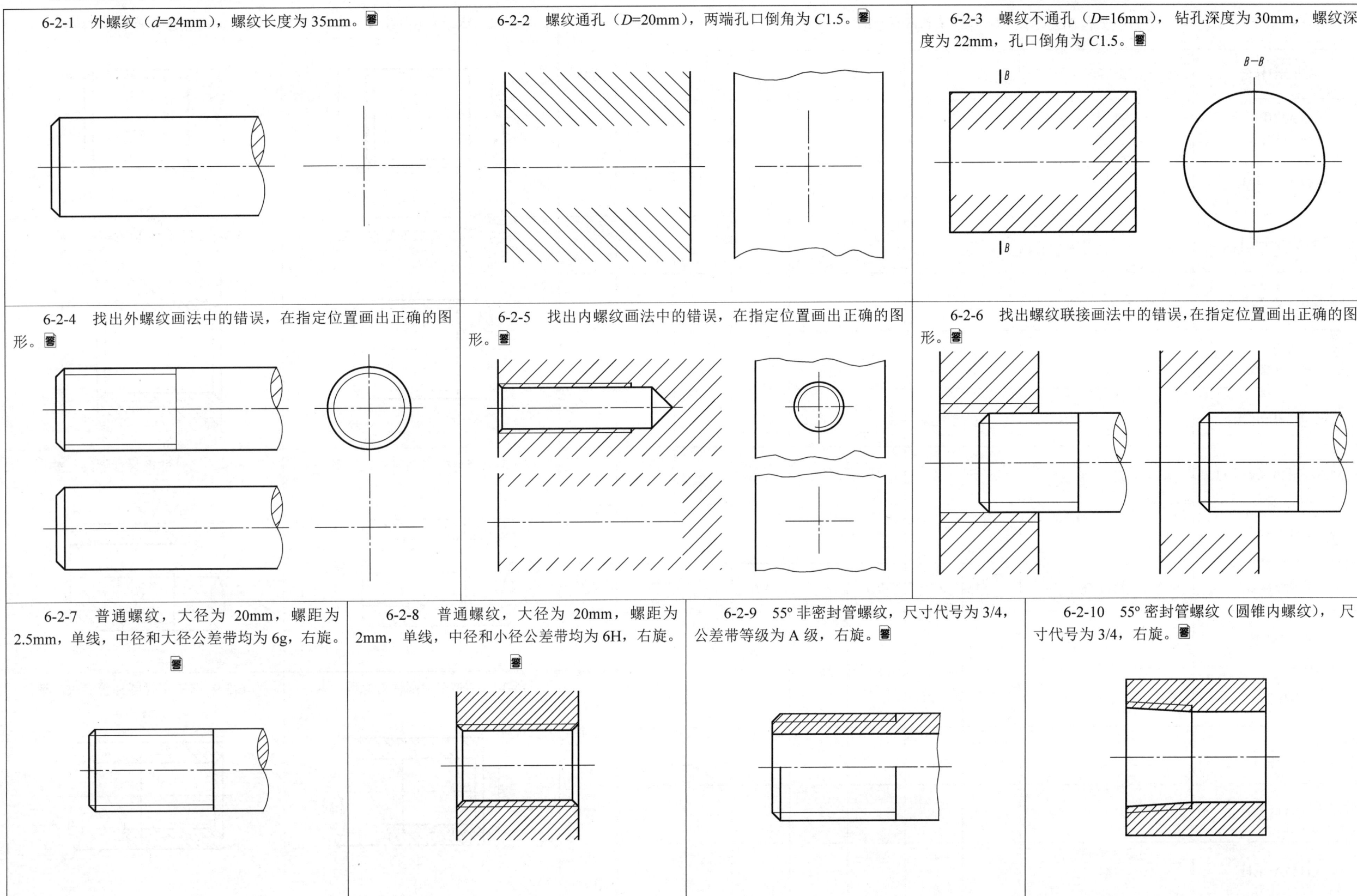

6-3 根据螺纹标记查表；找出螺纹标注的错误

6-3-1 根据螺纹标记，查教材附录表 A-1、表 A-2，填写下列内容。

普通螺纹标记	螺纹名称	公称直径	螺距	中径公差带	顶径公差带	旋合长度	旋向
M20（注：外螺纹）							
M10×1-6h							
M16-6G-LH							
M20×2-5H-S							
M24（注：内螺纹）							
M30-7g6g-L							
M20×1.5-6e-LH							
M12-6G							

管螺纹标记	螺纹名称	尺寸代号	大径	中径	小径	螺距	每 25.4 mm 内的牙数	旋向
Rc2½LH								
Rp3								
R₁¾LH								
G1¼A								
G1¼A-LH								

6-3-2 粗牙普通外螺纹。

6-3-3 粗牙普通外螺纹。

6-3-4 粗牙普通外螺纹。

6-3-5 粗牙普通内螺纹。

6-3-6 55° 非密封管螺纹。

6-3-7 55° 非密封管螺纹。

6-3-8 55° 密封圆柱管螺纹。

6-3-9 55° 密封圆柱管螺纹。

6-4 查教材附录确定标准件尺寸，写出其标记；找出螺栓联接的错误；完成螺栓联接的全剖视图

6-4-1 六角头螺栓 C 级。

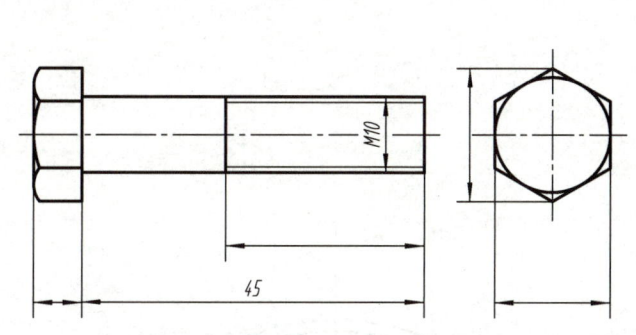

规定标记：

6-4-2 六角螺母 C 级。

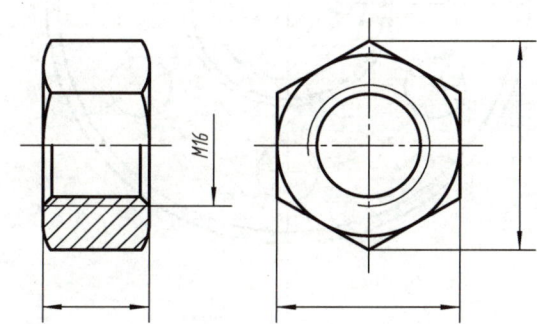

规定标记：

6-4-3 平垫圈 C 级。

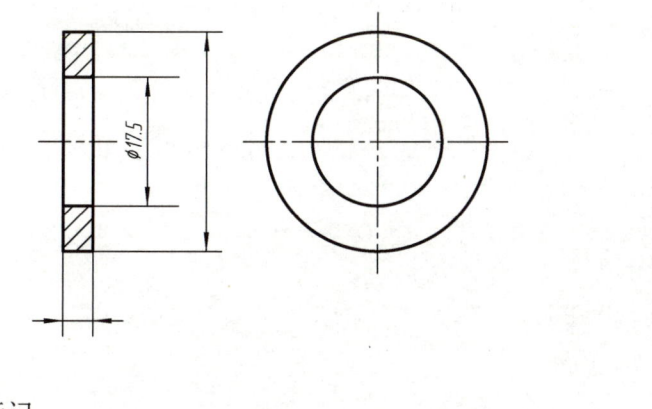

规定标记：

6-4-4 用铅笔圈出螺栓联接三视图中的错误。

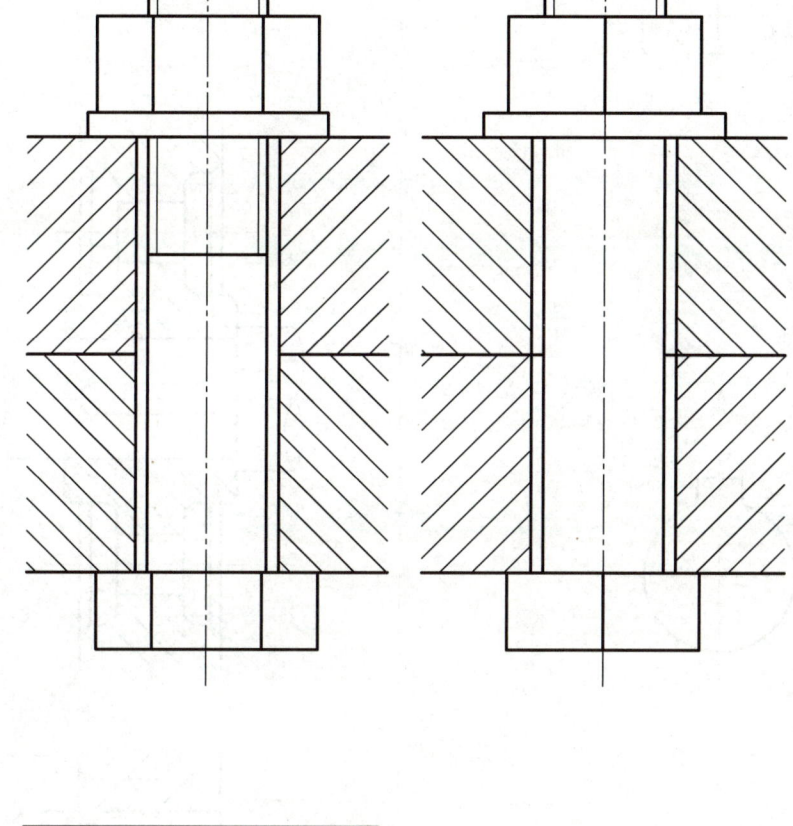

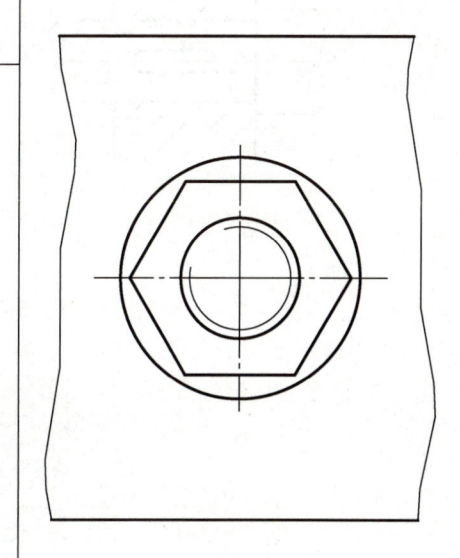

6-4-5 按简化画法完成螺栓及螺栓联接的全剖视图（螺栓规格按 1∶1 的比例由图中量得）。

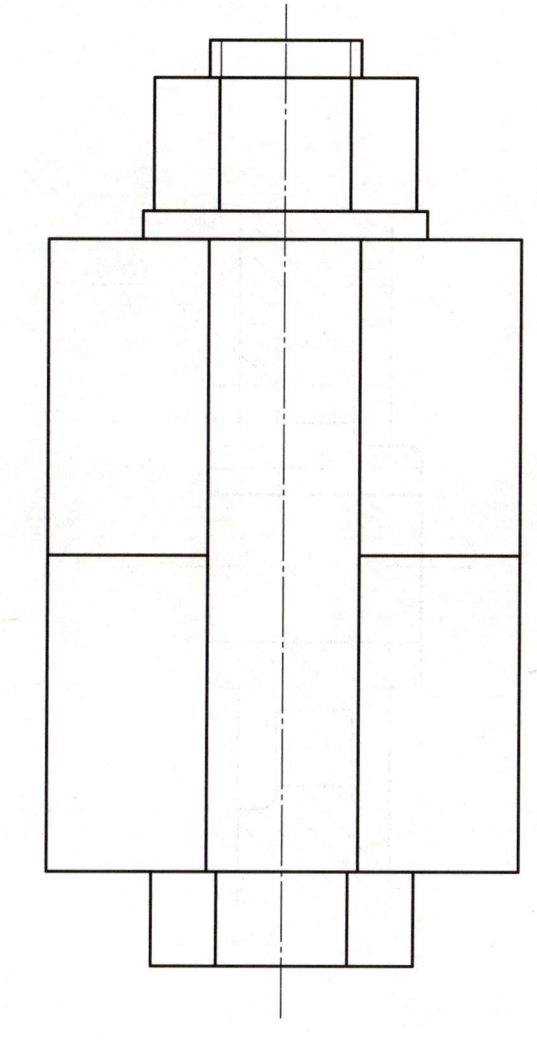

6-5 单个直齿轮及直齿轮啮合画法

6-5-1 补全单个直齿轮的剖视图并标注尺寸（尺寸由图中按1:1的比例量取整数；轮齿部分根据计算确定；轮齿端部倒角为C1.5）。

模 数 m	3
齿 数 z	34
啮合角 α	20°

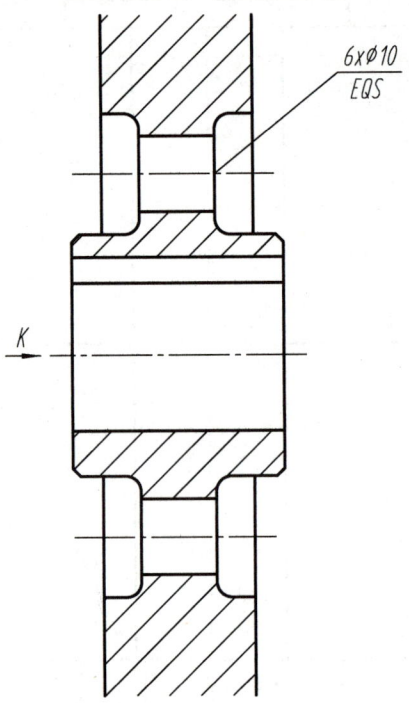

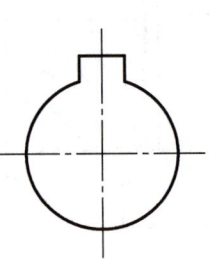

未注圆角 R2.

6-5-2 已知大齿轮 $m=2$mm，$z=40$，两齿轮中心距 $a=60$mm，试计算大、小齿轮的基本尺寸，按1:1的比例完成啮合图。

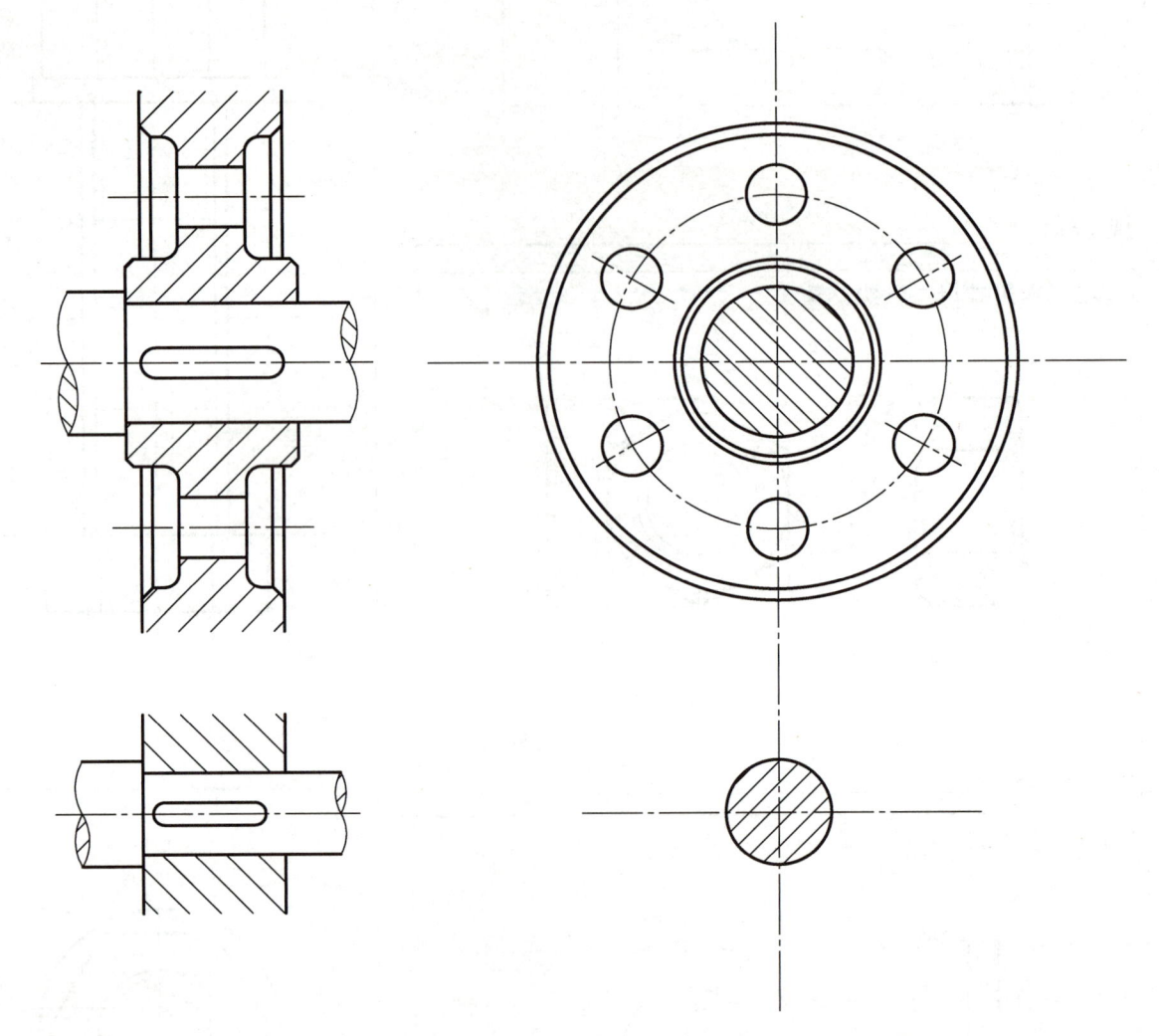

6-6 键、销和圆柱螺旋压缩弹簧的画法

6-6-1 已知：轴、孔直径为 25mm，键的尺寸为 8mm×7mm。用 A 型普通平键联结轴和齿轮。
（1）查教材表 B-4 确定键和键槽的尺寸，按 1∶1 的比例分别完成轴和齿轮的图形，并标注键槽尺寸。

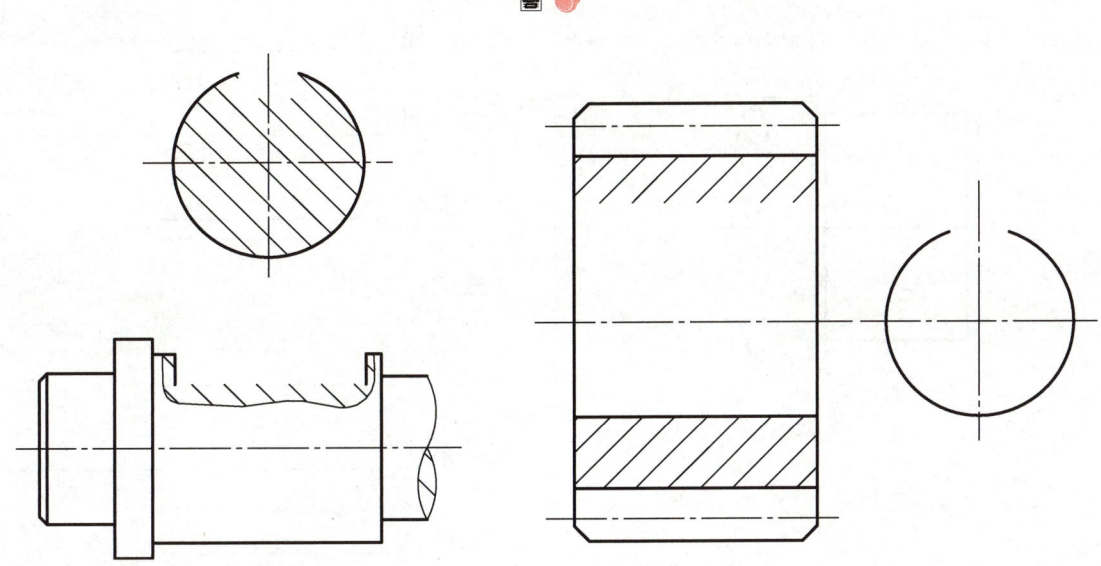

（2）写出键的规定标记 _____
（3）用键将轴和齿轮联结起来，补全其联结图形。

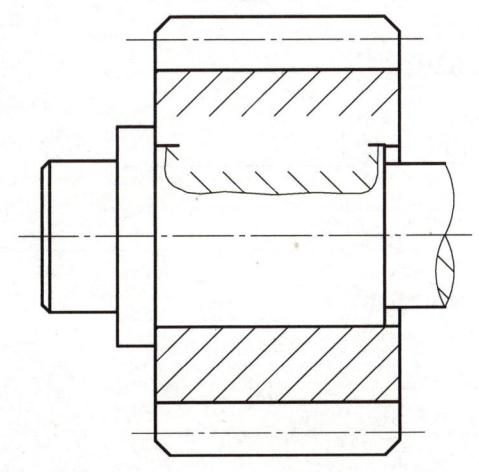
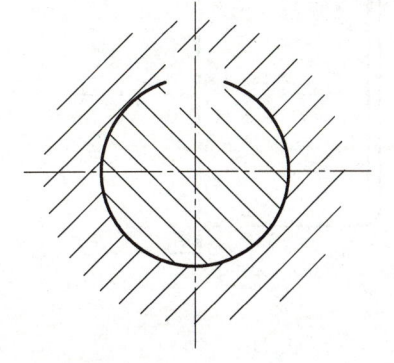

6-6-2 齿轮与轴用直径为 10mm、公差为 m6、公称长度为 32mm 的 A 型圆柱销联接，画全销联接的剖视图，并写出圆柱销的规定标记。

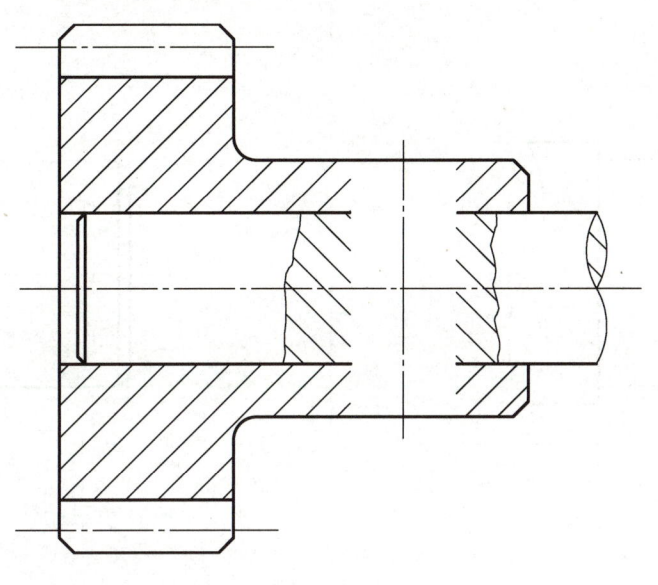

规定标记 _____

6-6-3 判断螺旋压缩弹簧的旋向，将旋向填入括号内。

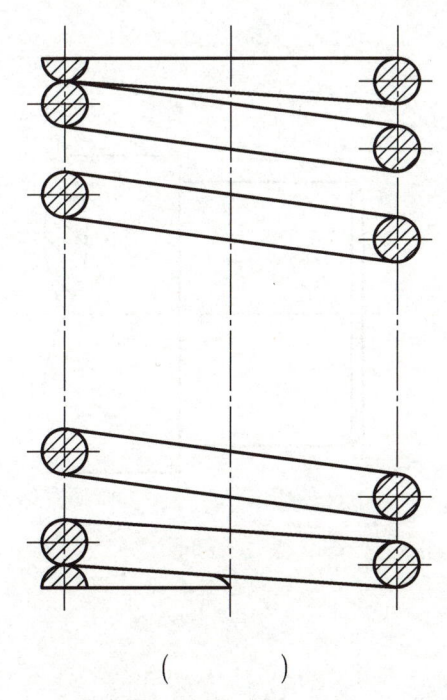
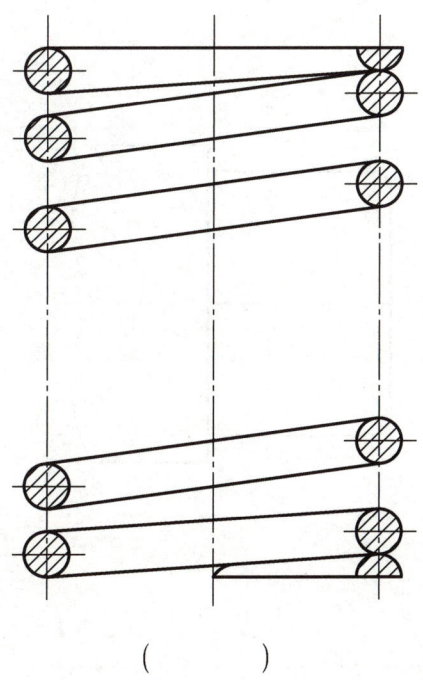

(　　)　　　　　　　　(　　)

6-7 滚动轴承画法

6-7-1 用通用画法绘制。

滚动轴承 6306 GB/T 276—2013

6-7-2 用特征画法绘制。

滚动轴承 6306 GB/T 276—2013

6-7-3 用规定画法绘制。

滚动轴承 6306 GB/T 276—2013

6-7-4 用通用画法绘制。

滚动轴承 30307 GB/T 297—2015

6-7-5 用特征画法绘制。

滚动轴承 30307 GB/T 297—2015

6-7-6 用规定画法绘制。

滚动轴承 30307 GB/T 297—2015

6-7-7 解释滚动轴承代号的含义。

6213：

内　　径 _____

尺寸系列 _____

轴承类型 _____

30212：

内　　径 _____

尺寸系列 _____

轴承类型 _____

51309：

内　　径 _____

尺寸系列 _____

轴承类型 _____

6302：

内　　径 _____

尺寸系列 _____

轴承类型 _____

第七章 零件图

7-1 零件的表达方法

7-1-1 正确选择零件的表达方案，徒手画出零件图（不注尺寸）。

7-1-2 分析视图，想出零件的形状，画出 K 向外形视图（尺寸数值由图中量取）。

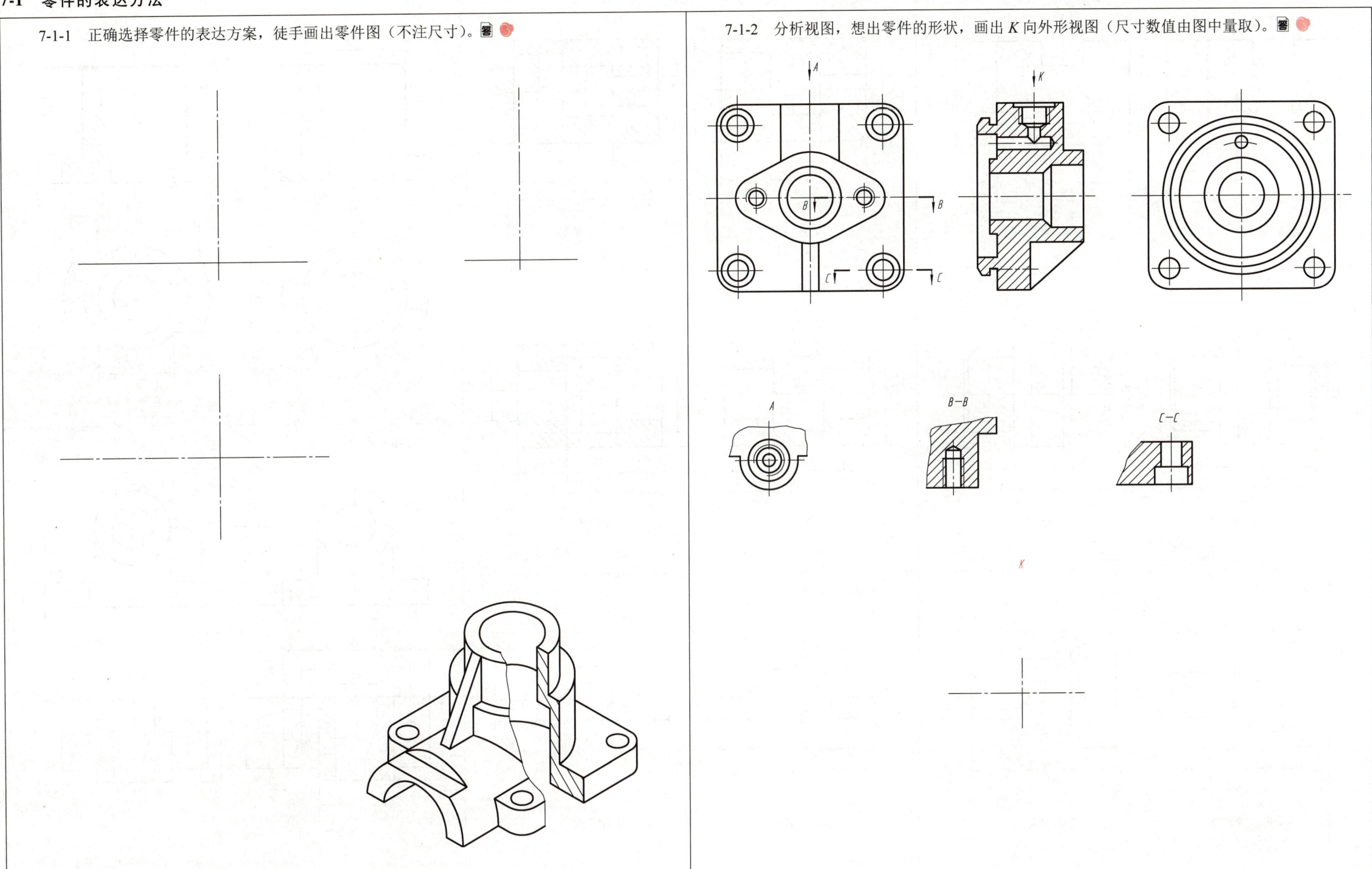

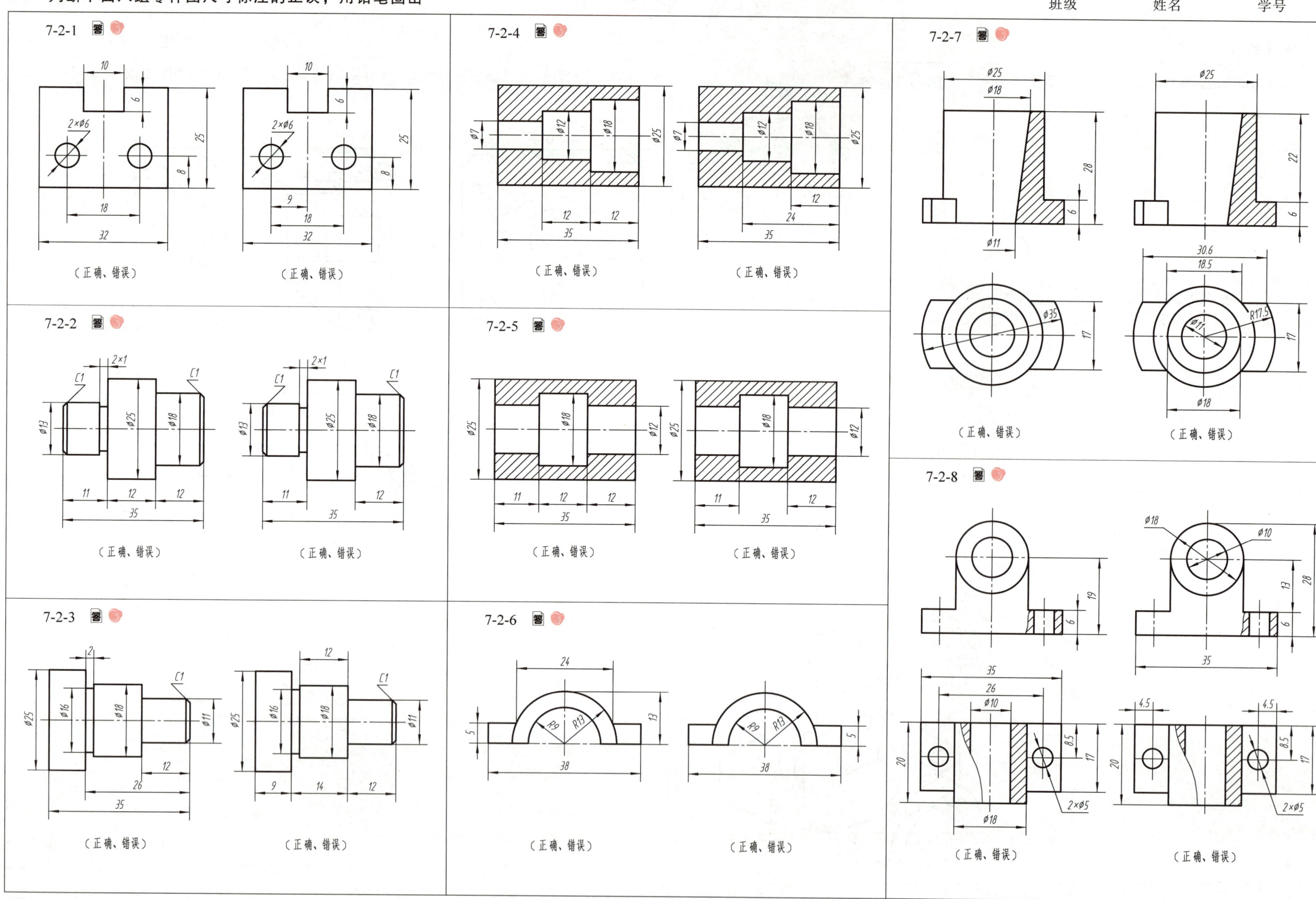

7-3 标注零件尺寸（按 1：1 的比例从图中量取整数）和表面粗糙度   班级　　　姓名　　　学号

7-3-1 选择尺寸基准并填空。

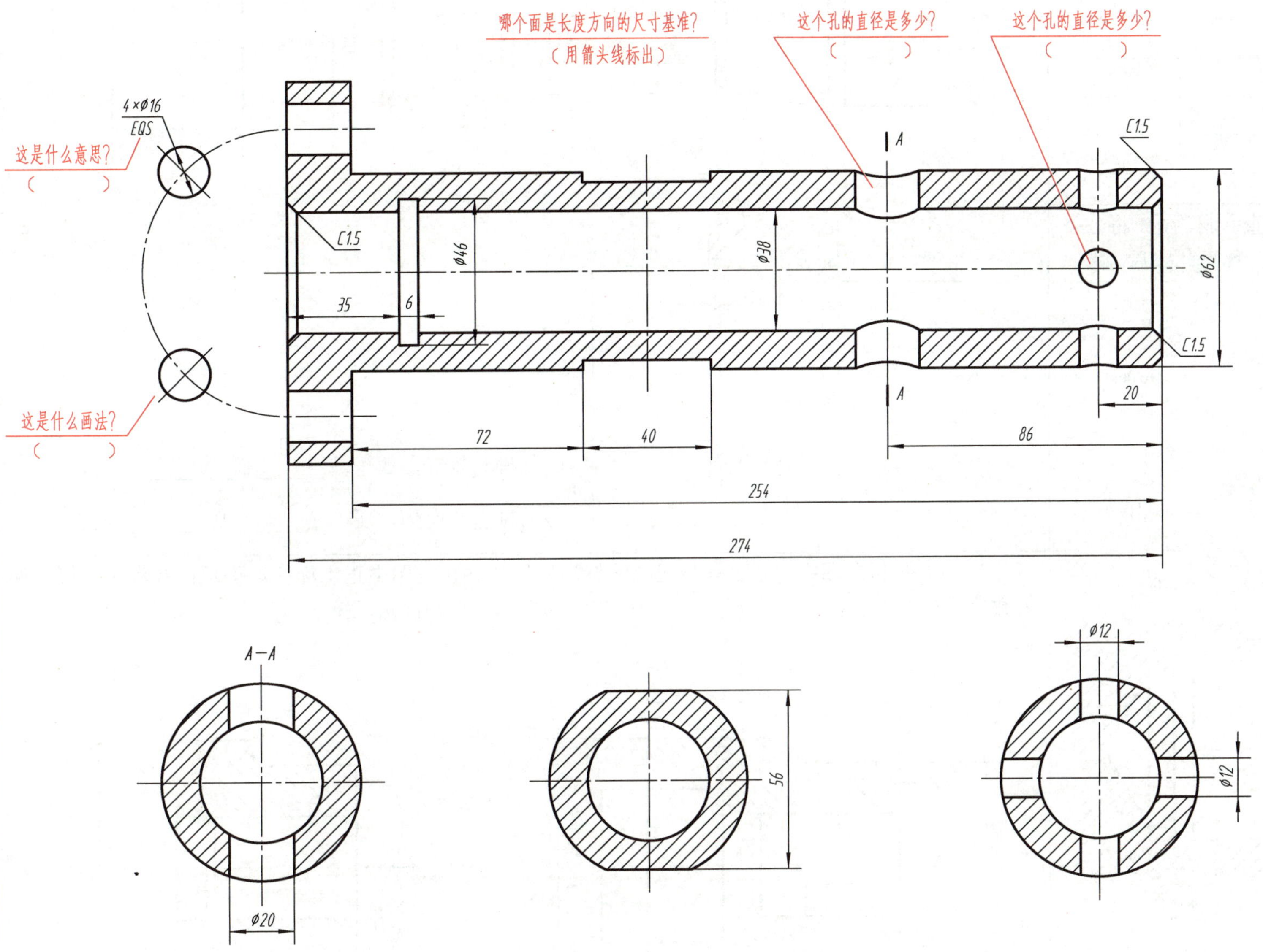

哪个面是长度方向的尺寸基准？（用箭头线标出）
这个孔的直径是多少？（　　）
这个孔的直径是多少？（　　）
这是什么意思？（　　）
这是什么画法？
这三个图是什么图？（　　） 右边两个图为什么没有标注？（　　）

7-3-2 标注零件尺寸，按表中给出的 Ra 值，在图中标注表面粗糙度。

表面	A	B	C	D	其余
$Ra/\mu m$	6.3	12.5	3.2	6.3	25

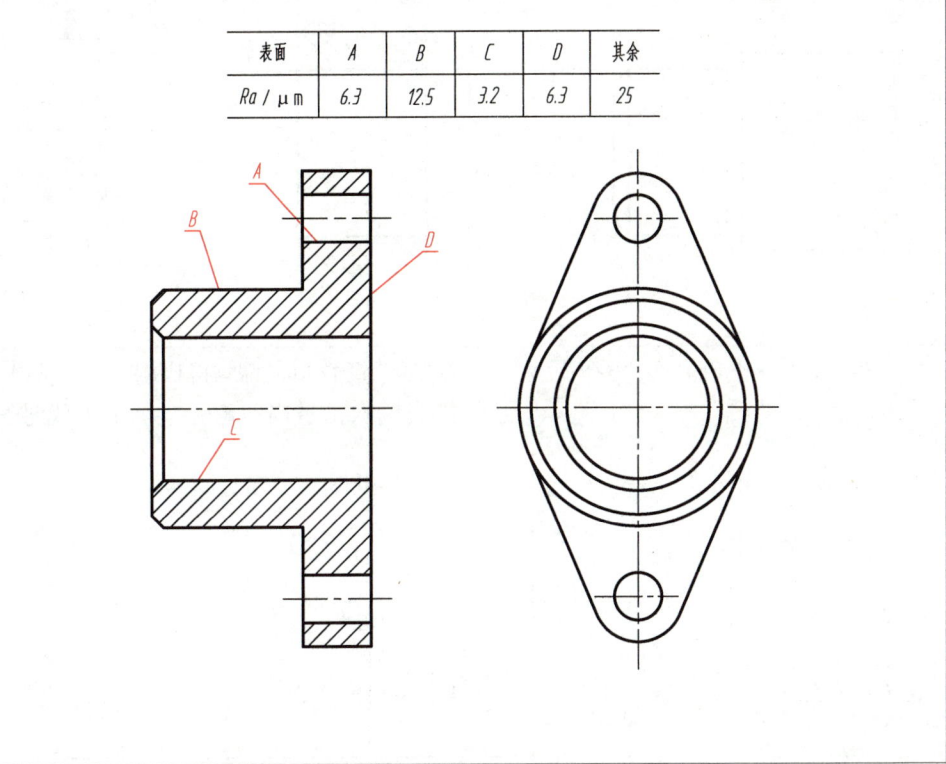

7-3-3 标注零件尺寸，按表中给出的 Ra 值，在图中标注表面粗糙度。

表面	A	B	C	D	其余
$Ra/\mu m$	6.3	12.5	3.2	6.3	25

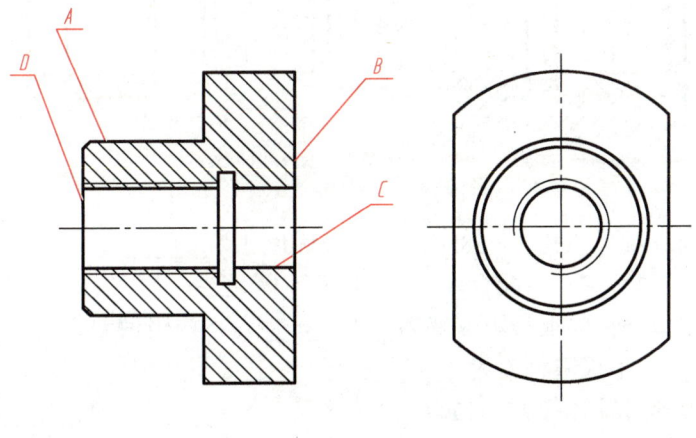

7-4 极限与配合

7-4-1 根据图中所标注的尺寸，填写右表。

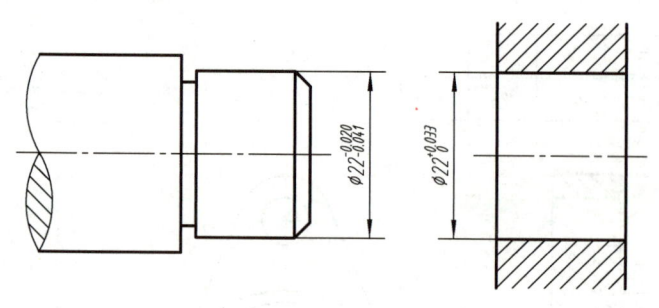

名称	轴	孔
公称尺寸		
上极限尺寸		
下极限尺寸		
上极限偏差		
下极限偏差		
公差		

7-4-2 将正确注法写在括号内。

(1) $\phi 70_{-0.046}$ (　　)

(2) $\phi 20^{-0.02}_{-0.041}$ (　　)

(3) $\phi 90 \pm 0.011$ (　　)

(4) $\phi 25^{+0.021}_{0}$ (　　)

7-4-3 查教材附录，将极限偏差数值填入括号内。

(1) $\phi 50H8$ (　　)

(2) $\phi 20JS7$ (　　)

(3) $\phi 40f8$ (　　)

(4) $\phi 50h7$ (　　)

7-4-4 查教材附录，将公差带代号写在公称尺寸之后。

孔 $\begin{cases} \phi 30 & \binom{+0.033}{0} \\ \phi 40 & \binom{-0.008}{-0.033} \end{cases}$

轴 $\begin{cases} \phi 35 & \binom{0}{-0.039} \\ \phi 60 & \binom{+0.030}{+0.011} \end{cases}$

7-4-5 解释配合代号的含义，并查出极限偏差数值，标注在图上。

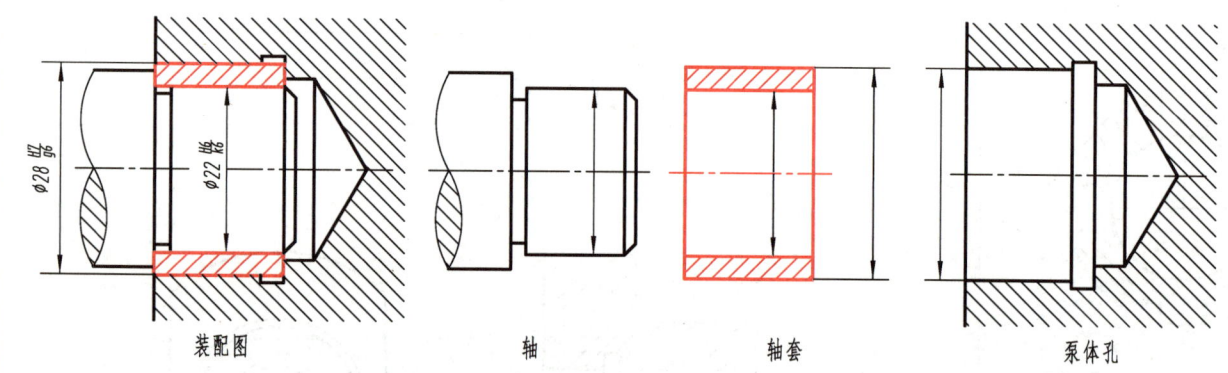

(1) 轴套对泵体孔（$\phi 28H7/g6$）：公称尺寸为_____，基_____制，公差等级为_____，_____配合。

(2) 轴套外径的上极限偏差为_____，下极限偏差为_____；泵体孔的上极限偏差为_____，下极限偏差为_____。

(3) 轴套对轴径（$\phi 22H6/k6$）：公称尺寸为_____，基_____制，公差等级为_____，_____配合。

(4) 轴套内孔的上极限偏差为_____，下极限偏差为_____；轴径的上极限偏差为_____，下极限偏差为_____。

7-4-6 根据孔和轴的极限偏差值，查表确定其配合代号后分别注出，并解释配合代号的含义。

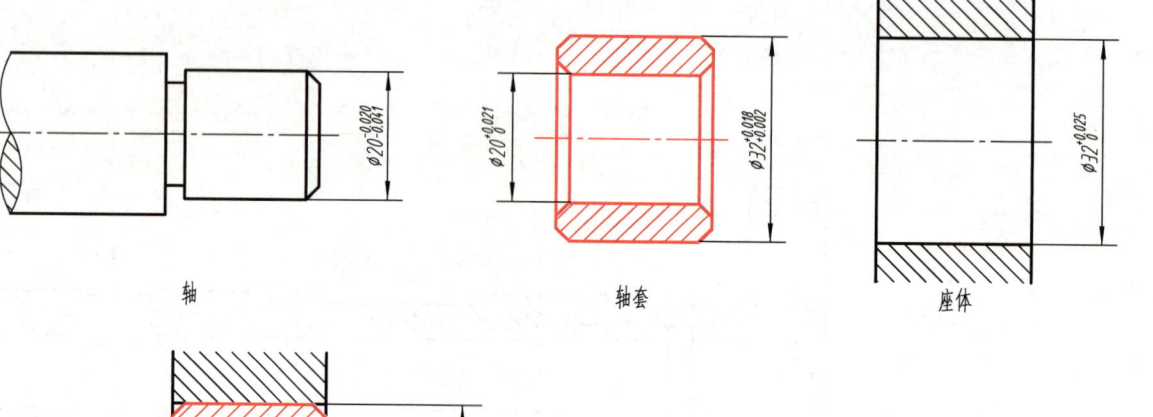

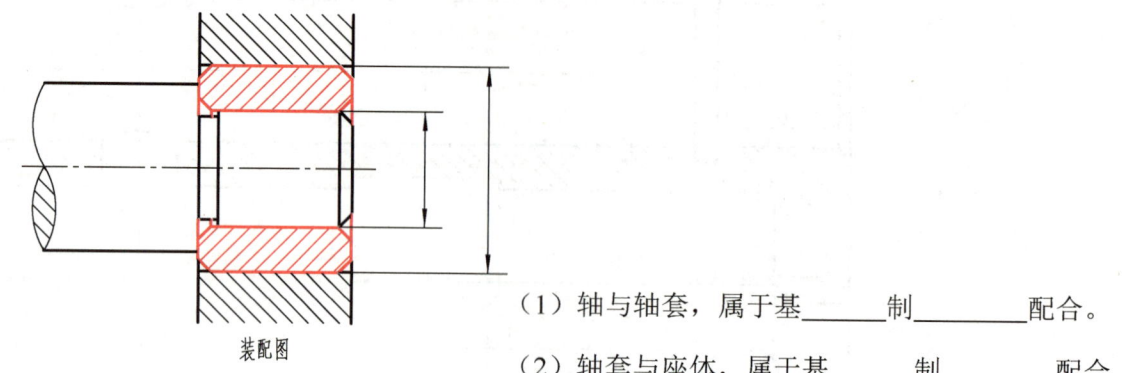

(1) 轴与轴套，属于基_____制_____配合。

(2) 轴套与座体，属于基_____制_____配合。

7-4-7 分析左图中尺寸公差与配合的标注错误，并在右图中正确标注。提示：孔和轴的极限偏差数值，应查阅教材附录进行核对后，取规定的标准值分别注出。

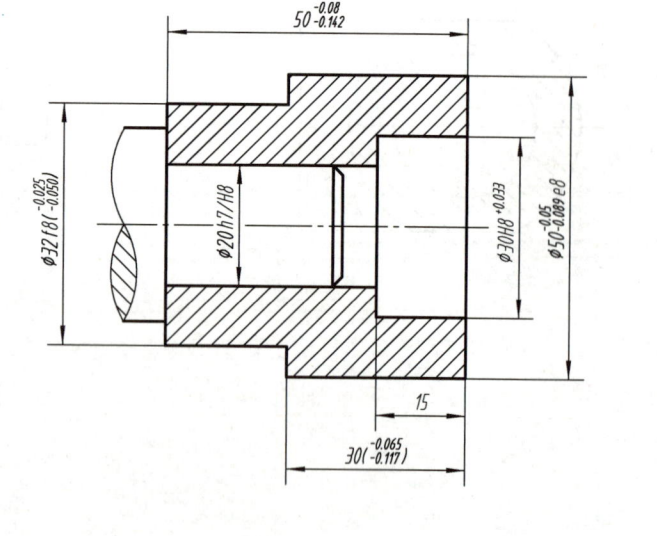
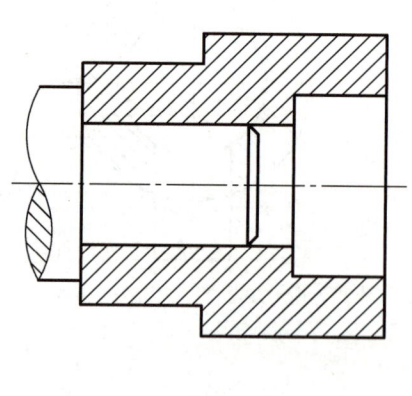

7-5 几何公差的标注与识读

7-5-1 底面的平面度公差为0.02mm，标注其几何公差代号。

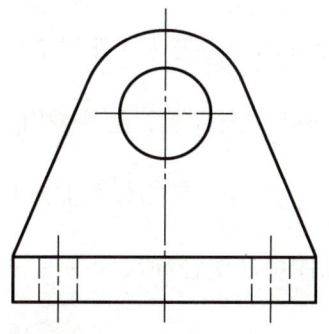

7-5-2 φ20H8轴线对左端面的垂直度公差为φ0.02mm，标注其几何公差代号。

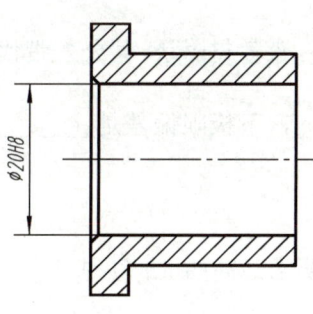

7-5-3 φ22g6圆柱面的圆柱度公差为0.04mm，标注其几何公差代号。

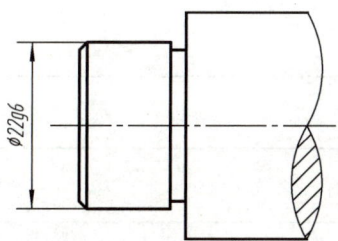

7-5-4 φ28h7轴线对φ15h6轴线的同轴度公差为φ0.015mm，标注其几何公差代号。

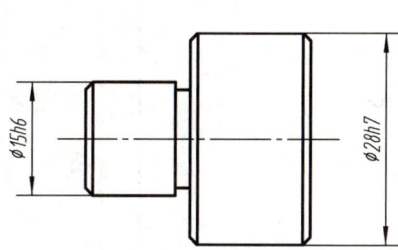

7-5-5 顶面对底面的平行度公差为0.02mm，标注其几何公差代号。

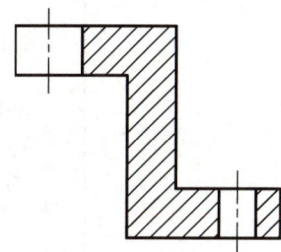

7-5-6 φ28h7圆柱面对φ15h6轴线的径向圆跳动公差为0.015mm，φ28h7左端面对φ15h6轴线的轴向圆跳动公差为0.025mm，标注其几何公差代号。

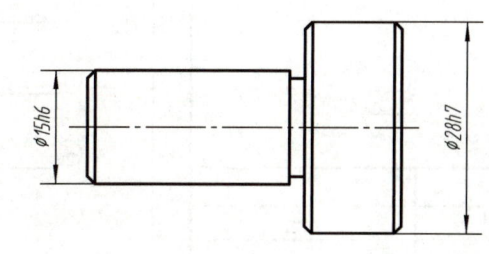

7-5-7 解释图中几何公差代号的含义。

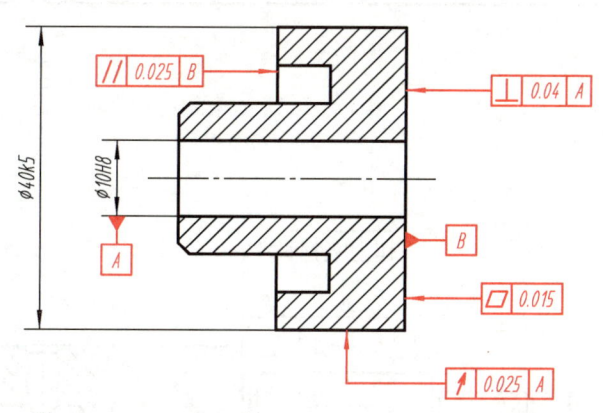

(1) ⌗ 0.015 _____

(2) ∥ 0.025 B _____

(3) ⊥ 0.04 A _____

(4) ↗ 0.025 A _____

7-5-8 解释图中几何公差代号的含义。

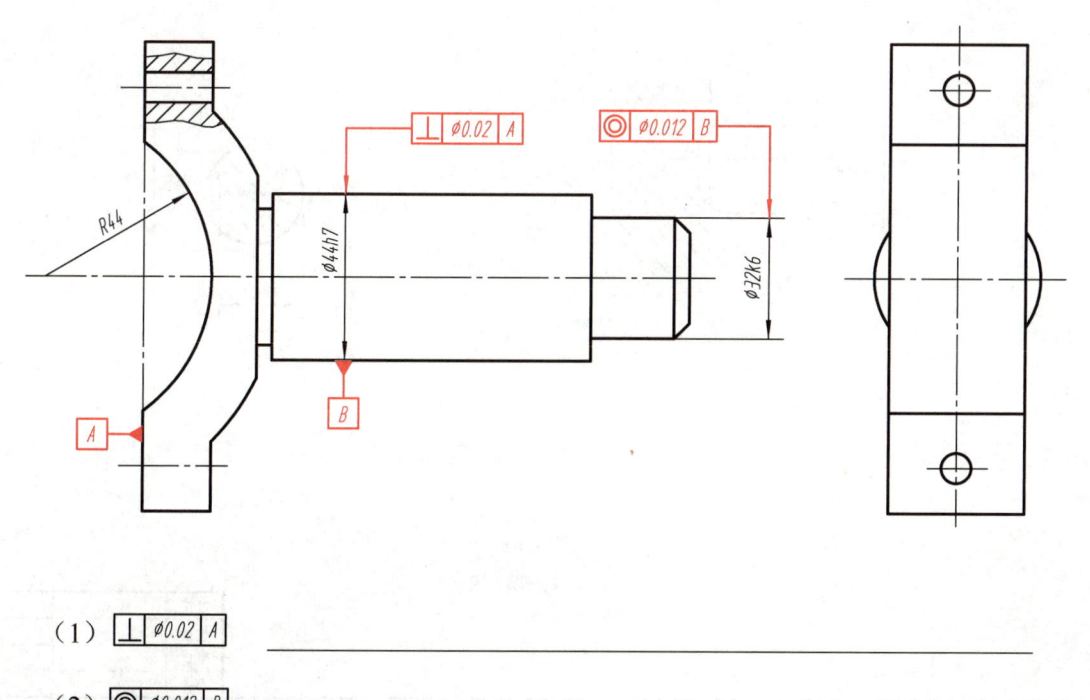

(1) ⊥ φ0.02 A _____

(2) ◎ φ0.012 B _____

7-6 读轴零件图，回答问题

7-6-1 轴零件图。

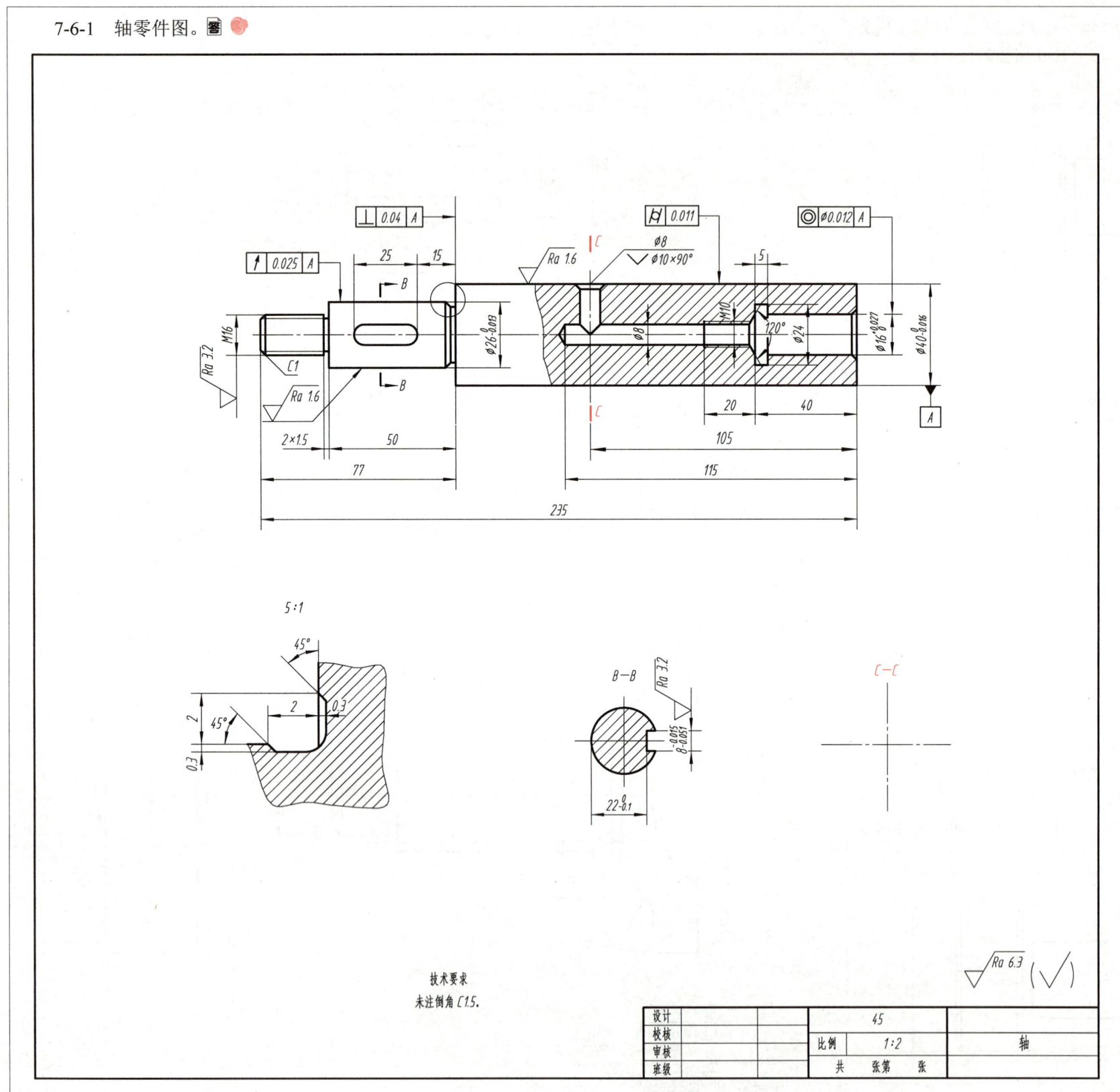

7-6-2 回答下列问题。

（1）该零件属于____类零件，材料为___，绘图比例为____。

（2）该零件图采用___个基本视图表达零件的结构和形状。主视图采用_____剖视，表达轴的内部结构；此外采用_____表达退刀槽结构；采用_____，表达键槽处断面形状。

（3）用指引线和文字在图中注明径向尺寸基准和轴向主要尺寸基准。

（4）键槽长度为_____，宽度为_____，长度方向定位尺寸为_____，注出 $22_{-0.1}^{0}$ 是便于_____。

（5）$\phi 26_{-0.013}^{0}$ 的上极限尺寸是_____，下极限尺寸是_____，公差为_____，查教材附录，其公差带代号为____。$\phi 40_{-0.016}^{0}$ 的上极限偏差是____，下极限偏差是____，公差为_____。

（6）该轴的表面粗糙度要求最高的 Ra 值为_____。

（7）在图中指定位置画出 C—C 断面图。

（8）说明几何公差代号的含义。

① _____

② _____

③ _____

④ _____

7-7 读端盖零件图，回答问题

7-7-1 端盖零件图。

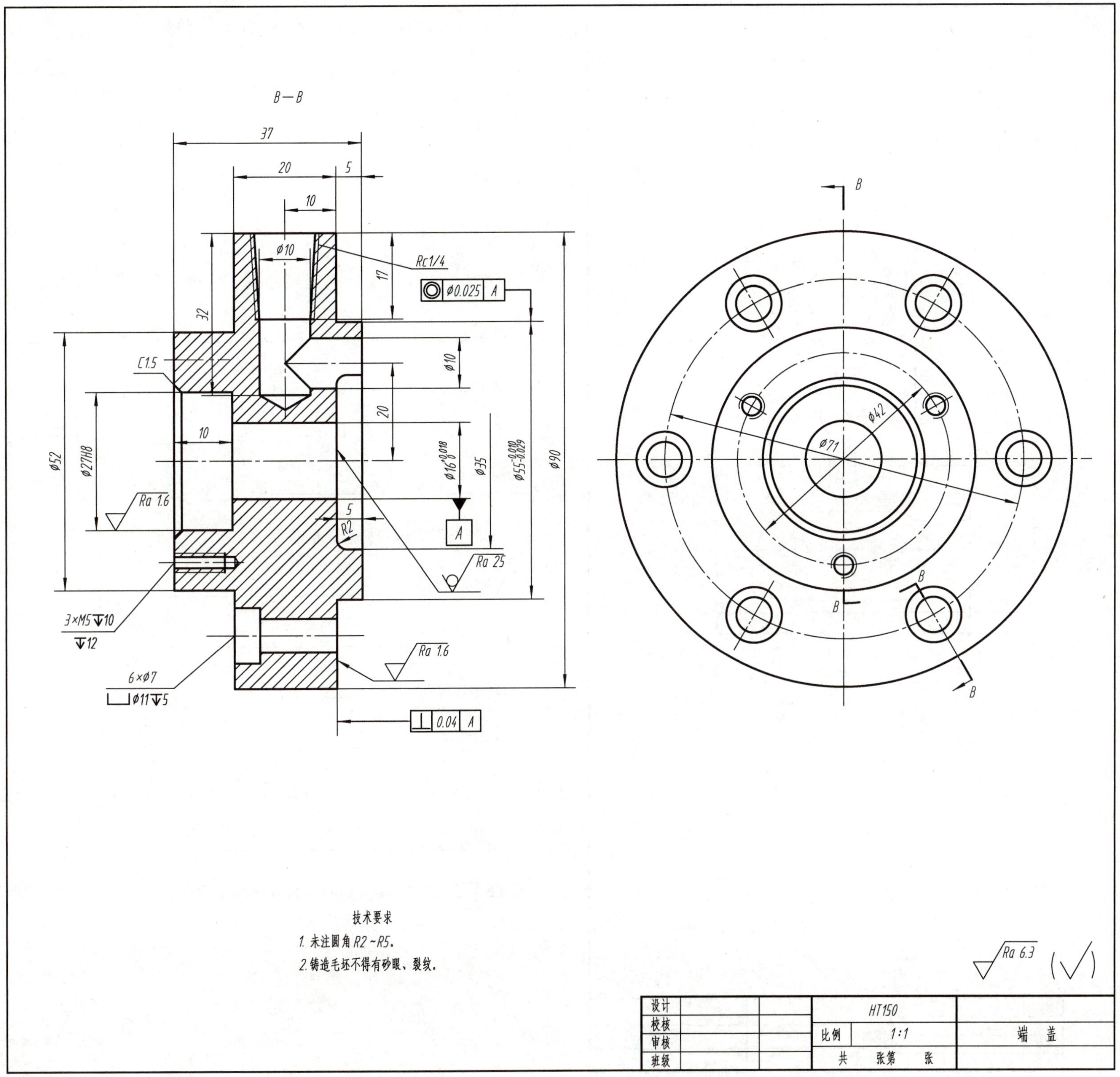

7-7-2 回答下列问题。

（1）该零件属于_____类零件，材料为_____，绘图比例为_____。

（2）该零件图采用___个基本视图。主视图采用____剖视，它的剖切位置在____视图中注明，剖切面的种类_____。

（3）在图中指出三个方向的主要尺寸基准（用箭头线指明引出标注）。

（4）$\phi 27H8$ 的公称尺寸为_____，基本偏差代号为____，标准公差为IT____。

（5）查教材附录，确定下列公差带代号：

$\phi 16^{+0.018}_{0}$ _____；$\phi 55^{-0.010}_{-0.029}$ _____。

（6）端盖大多数表面的表面粗糙度为_____。解释图中尺寸 $6 \times \phi 7 \ \sqcup \phi 11 \downarrow 5$ 的含义：_____

_____

（7）画出端盖的右视外形图（另用图纸）。

（8）说明几何公差代号的含义（按自上而下顺序）。

① _____

② _____

7-8 读十字接头零件图，回答问题

7-8-1 十字接头零件图。

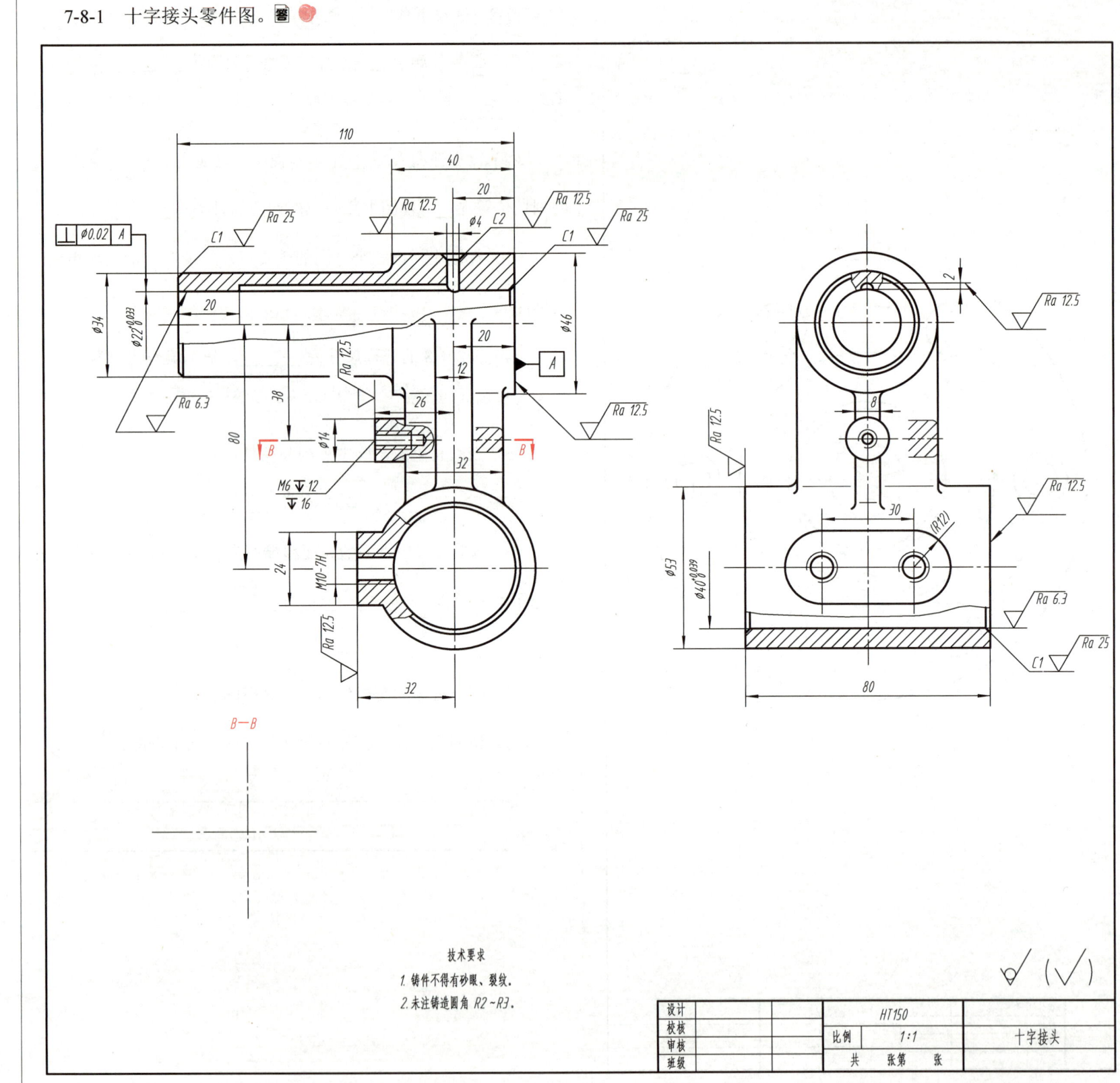

7-8-2 回答下列问题。

（1）根据零件名称和结构形状，此零件属于_____类零件。

（2）十字接头的结构由_____部分_____部分和_____部分组成。

（3）在图中指出长度、宽度、高度方向的主要尺寸基准（用箭头线指明引出标注）。

（4）在主视图中，下列尺寸属于哪种类型（定形、定位）尺寸。80是_____尺寸；38是_____尺寸；40是_____尺寸；24是_____尺寸；$\phi 22^{+0.033}_{0}$是_____尺寸。

（5）$\phi 40^{+0.039}_{0}$的上极限尺寸为_____，下极限尺寸为_____，公差为_____。

（6）解释图中几何公差的含义：

基准要素是_____

被测要素是_____

公差项目是_____

公差值是_____

（7）零件上共有____个螺孔，它们的尺寸分别是_____。

（8）在图中指定位置画出 B—B 断面图。

7-9 读零件图，画出指定位置的视图或剖视图

7-9-1 读支座零件图，画出 C—C 半剖视图（按图形大小量取尺寸）；标出三个方向主要尺寸基准（用箭头线指明引出标注）。

7-9-2 读底座零件图，画出左视图外形（按图形大小量取尺寸，不画细虚线）；标出三个方向主要尺寸基准（用箭头线指明引出标注）。

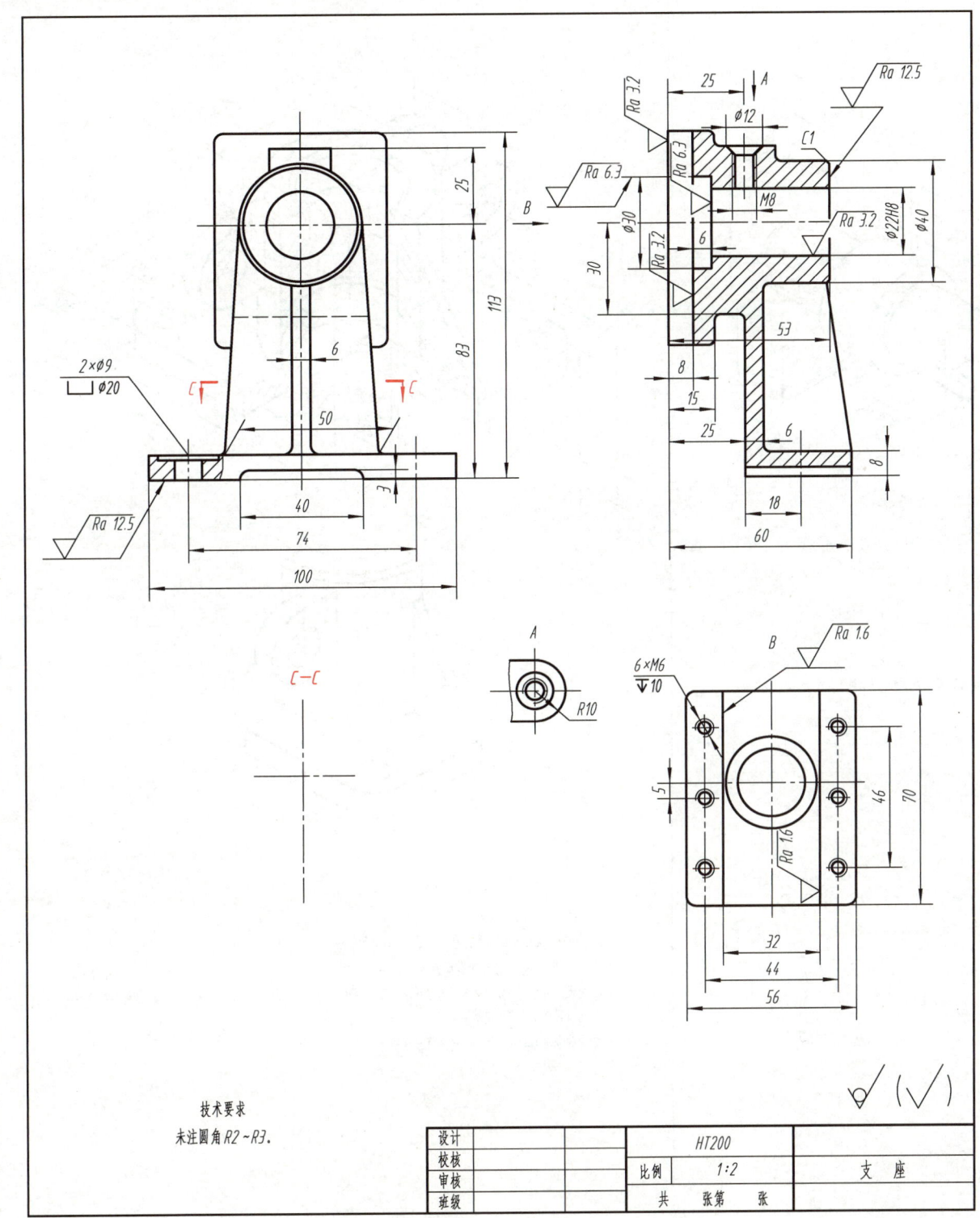

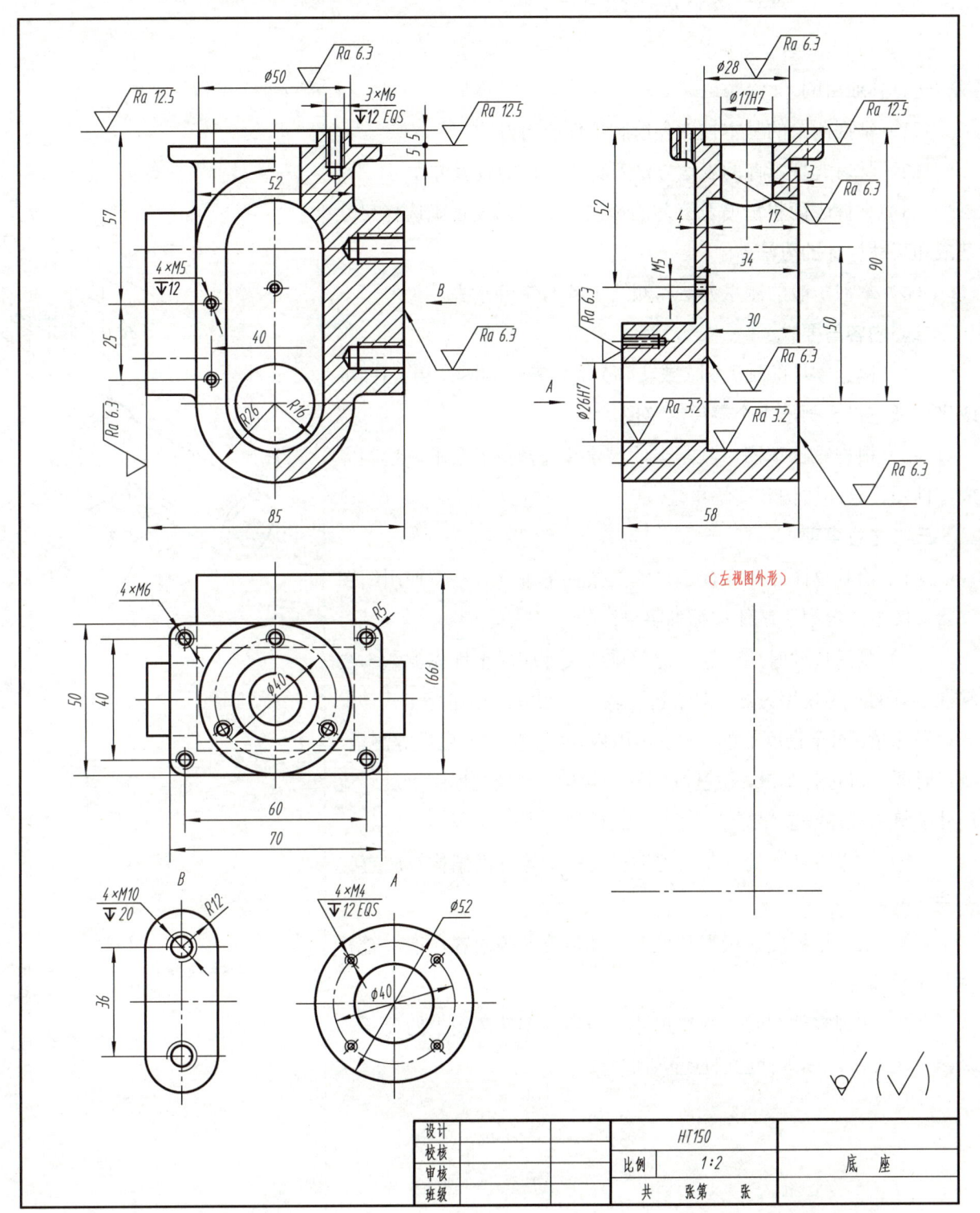

7-10 尺规图作业——零件测绘

№5 零件测绘指导书

一、作业目的

（1）掌握测绘的基本技能和绘制零件图的方法。

（2）学习典型零件的表达方法及典型结构的查表方法。

（3）掌握表面粗糙度及公差的标注方法，以及正确选择尺寸基准和尺寸标注的方法。

（4）掌握一般的测量方法和测绘工具的使用方法。

二、内容与要求

（1）根据零件的轴测图（或实物）选择表达方案，用 A3 图纸或坐标纸，徒手画出 1 个零件的草图。

（2）根据零件草图，测量零件尺寸并选择技术要求。绘制完成零件图，绘图比例和图幅自定。

三、注意事项

（1）绘制草图，应在徒手目测的条件下进行，不得使用绘图仪器。图中的线型、字体按标准要求绘制。

（2）测量尺寸时应注意，对于重要尺寸应尽量优先测量。要掌握量具的正确使用方法，对于精度较高的尺寸应用游标卡尺、千分尺等测量。对于精度低的尺寸，可用内、外卡钳和钢直尺等测量。测量时要正确选择基准，由基准面开始测量。测量过程中尽量避免尺寸换算，以减少差错。

（3）对于零件上的圆角、退刀槽、键槽等标准结构，应查阅相关标准。

（4）表面粗糙度、极限与配合、几何公差等内容，请参看教材，在教师指导下选用。

（5）在画零件图时，标注尺寸不能照抄零件草图中的尺寸。草图中尺寸多，画零件图时应重新调整。

7-10-1 输出轴轴测图。

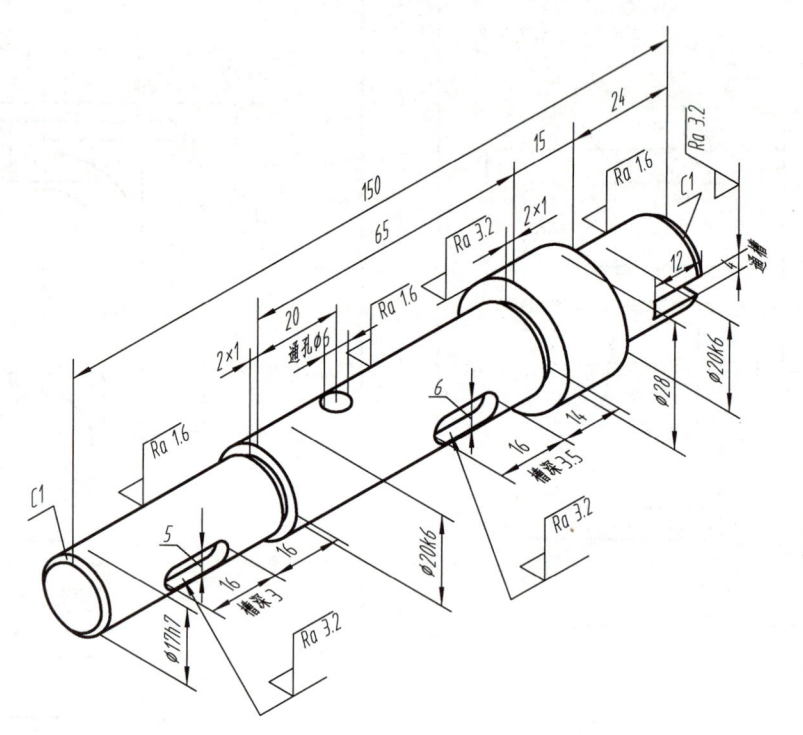

（注：键槽底面的表面粗糙度为 Ra 6.3 μm）

名称：输出轴
材料：45

技术要求
1. 淬火硬度 40~50HRC。
2. 去除毛刺。

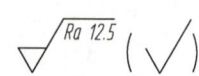

7-10-2 轴承座轴测图。

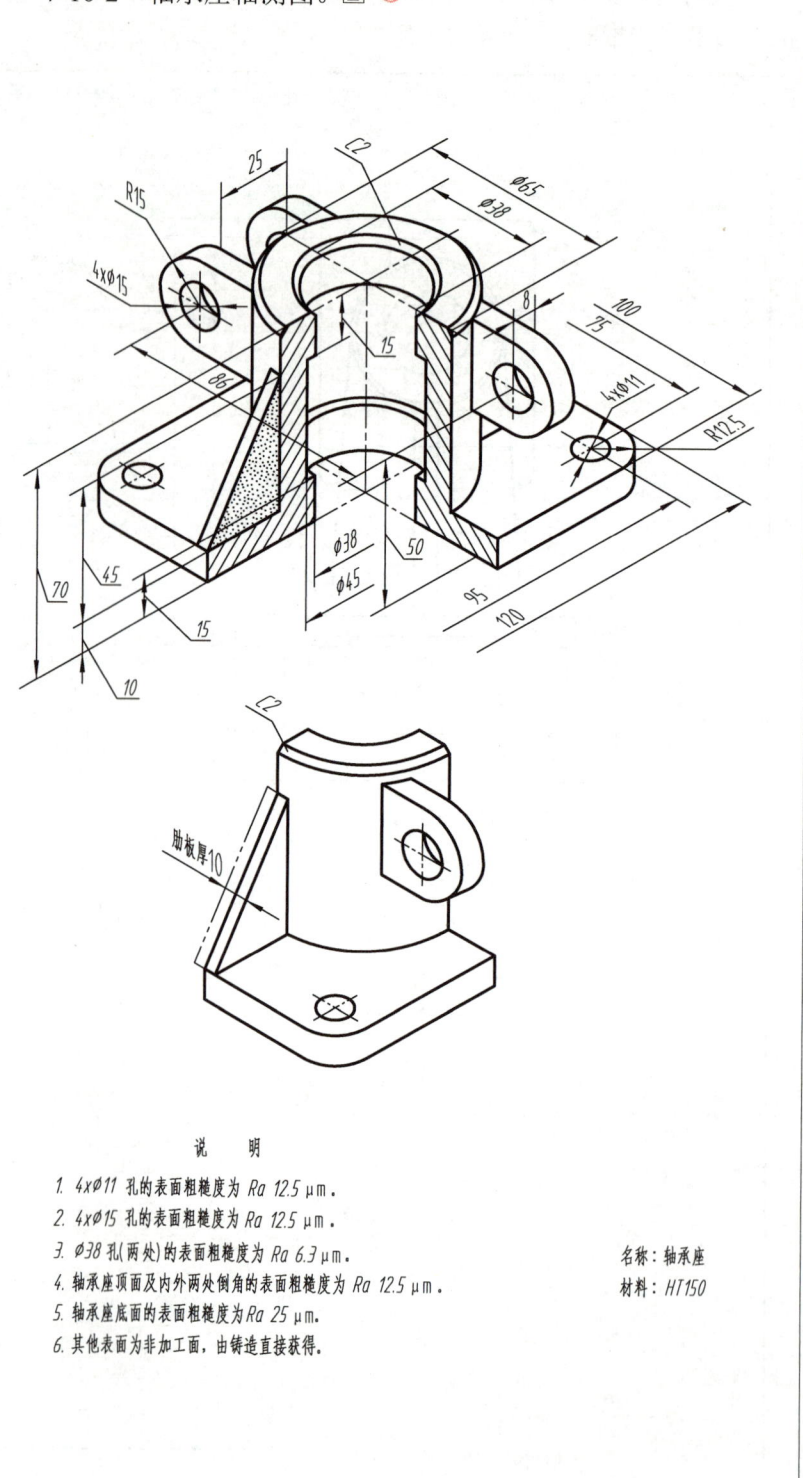

说　明
1. 4×∅11 孔的表面粗糙度为 Ra 12.5 μm。
2. 4×∅15 孔的表面粗糙度为 Ra 12.5 μm。
3. ∅38 孔（两处）的表面粗糙度为 Ra 6.3 μm。
4. 轴承座顶面及内外两处倒角的表面粗糙度为 Ra 12.5 μm。
5. 轴承座底面的表面粗糙度为 Ra 25 μm。
6. 其他表面为非加工面，由铸造直接获得。

名称：轴承座
材料：HT150

第八章 装配图

8-1 拼画千斤顶装配图

№6 作业指导书

一、作业目的

熟悉和掌握装配图的内容及表达方法。

二、内容与要求

（1）仔细阅读千斤顶的零件图，并参照千斤顶装配示意图，拼画千斤顶装配图。

（2）绘图比例及图纸幅面，根据千斤顶零件图的尺寸自行确定（装配图绘图比例建议采用1∶1，用A2幅面）。

三、注意事项

（1）请任课教师为学生提供二维码。扫描二维码，参考千斤顶的动画演示，搞清千斤顶的工作原理及各个零件的装配、联接关系。

（2）根据千斤顶的装配示意图及零件图，选定表达方案。要先在草稿纸上试画，经检查无误后，再正式绘制。

（3）标准件尺寸已由题8-1-4、题8-1-5给出。

（4）应注意，相邻零件剖面线的倾斜方向要有明显的区别。

四、图例

千斤顶装配示意图（题8-1-1）及千斤顶零件图（题8-1-2～题8-1-5，题8-2-1～题8-2-3）。

8-1-1 千斤顶装配示意图。

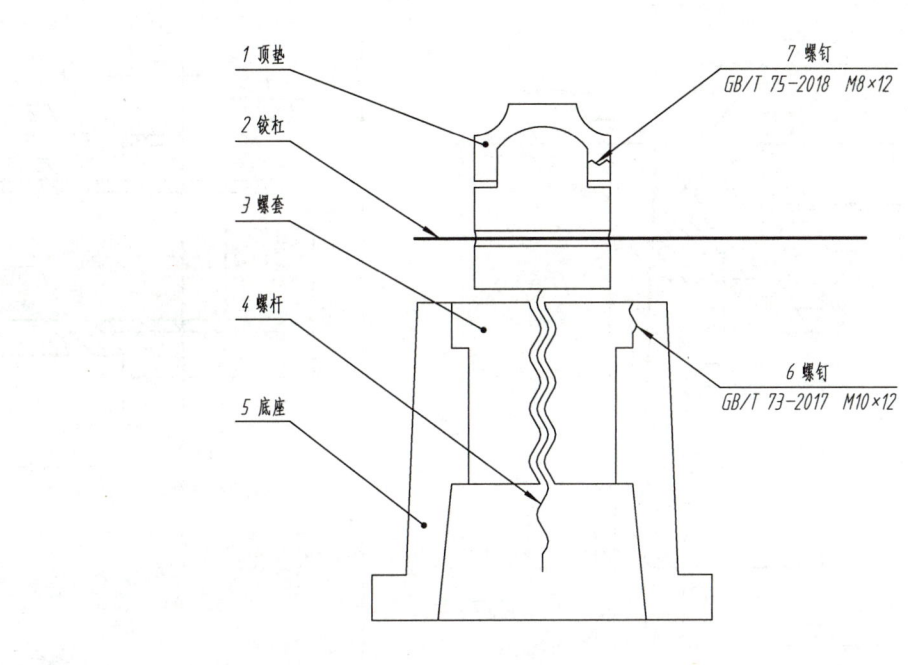

8-1-2 铰杠（件2）零件图。

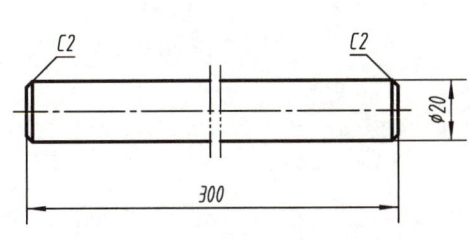

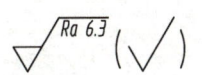

名称：铰杠　序号：2
数量：1　材料：35

8-1-3 顶垫（件1）零件图。

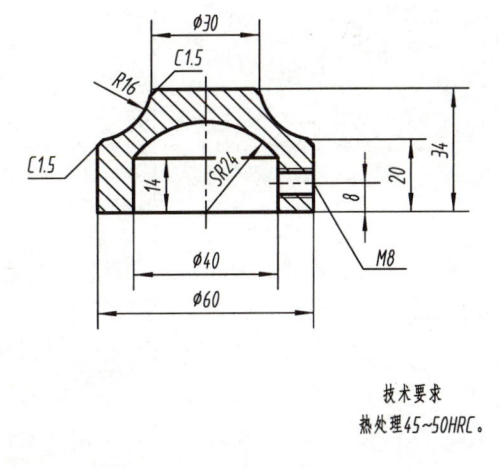

技术要求
热处理45~50HRC。

名称：顶垫　序号：1
数量：1　材料：Q275

8-1-4 螺钉（件6）零件图。

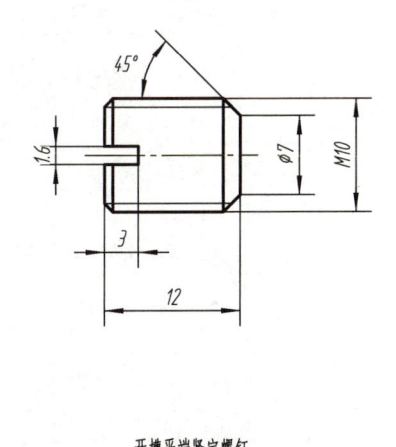

开槽平端紧定螺钉
（GB/T 73-2017）

8-1-5 螺钉（件7）零件图。

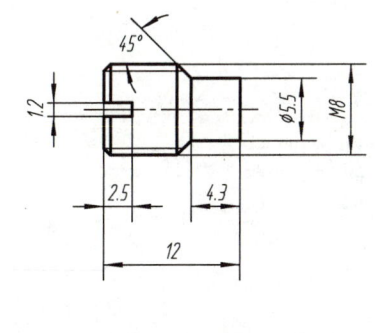

开槽长圆柱端紧定螺钉
（GB/T 75-2018）

8-2 千斤顶零件图

8-2-1 底座（件5）零件图。

8-2-2 螺套（件3）零件图。

8-2-3 螺杆（件4）零件图。

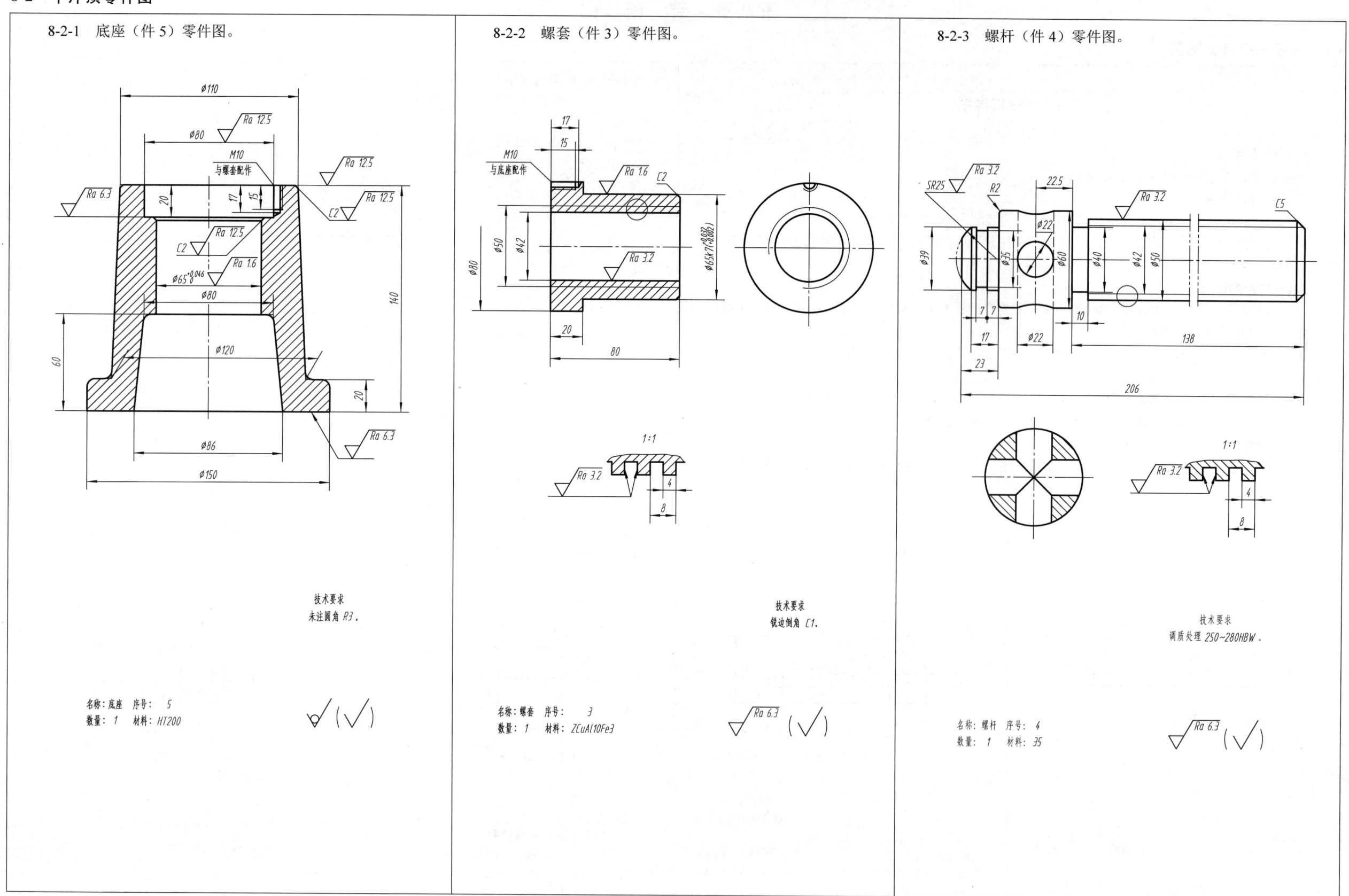

8-3 阅读钻模装配图

8-3-1 钻模装配图。

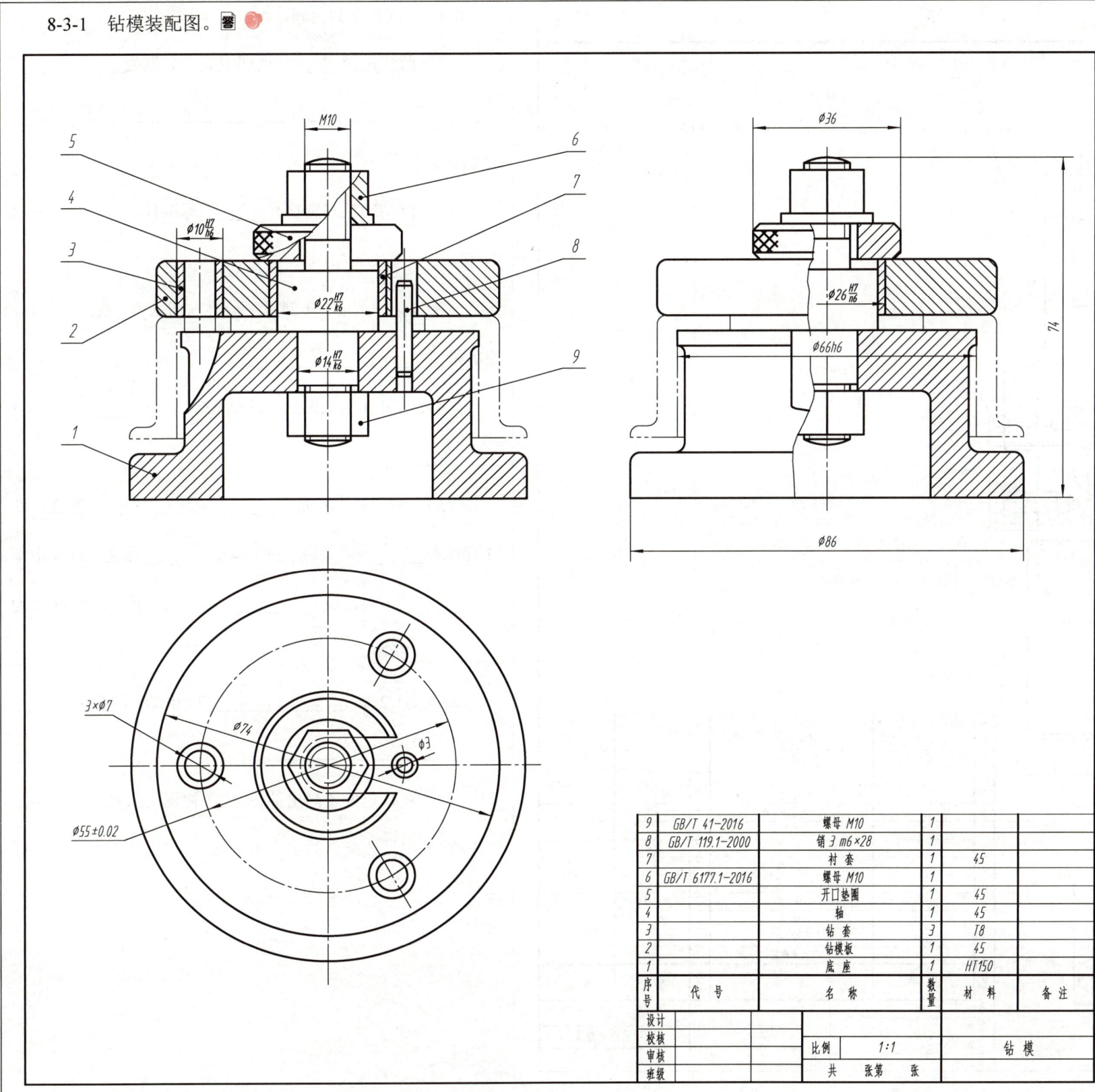

8-3-2 回答下列问题。

（1）该钻模由_____种零件组成，有_____个标准件。

（2）装配图由_____个基本视图组成，分别是_____、_____和_____。主、左视图分别采用了_____剖视。被加工件采用_____画法表达。

（3）件4在剖视中按不剖切处理，仅画出外形，原因是_____。

（4）俯视图中细虚线表示件_____中的结构。

（5）根据视图想零件形状，分析零件类型。

属于轴套类零件的有：_____、_____、_____。

属于盘盖类零件的有：_____、_____。

属于箱体类零件的有：_____。

（6）$\phi 22H7/k6$ 是件____与件____的_____尺寸。件4的公差带代号为_____，件7的公差带代号为_____。

（7）$\phi 26H7/n6$ 表示件____与件____是____制____配合。

（8）件4和件1是_____配合，件3和件2是_____配合。

（9）$\phi 66h6$ 是_____尺寸，$\phi 86$、$\phi 74$是_____尺寸。

（10）件8的作用是_____。

（11）怎样取下被加工零件？_____。

（12）另用图纸画出件1的俯视图（只画外形，不画细虚线）。按图形实际大小以1∶1的比例画图，不注尺寸。

8-4 阅读自动闭锁式旋塞装配图

8-4-1 自动闭锁式旋塞装配图。

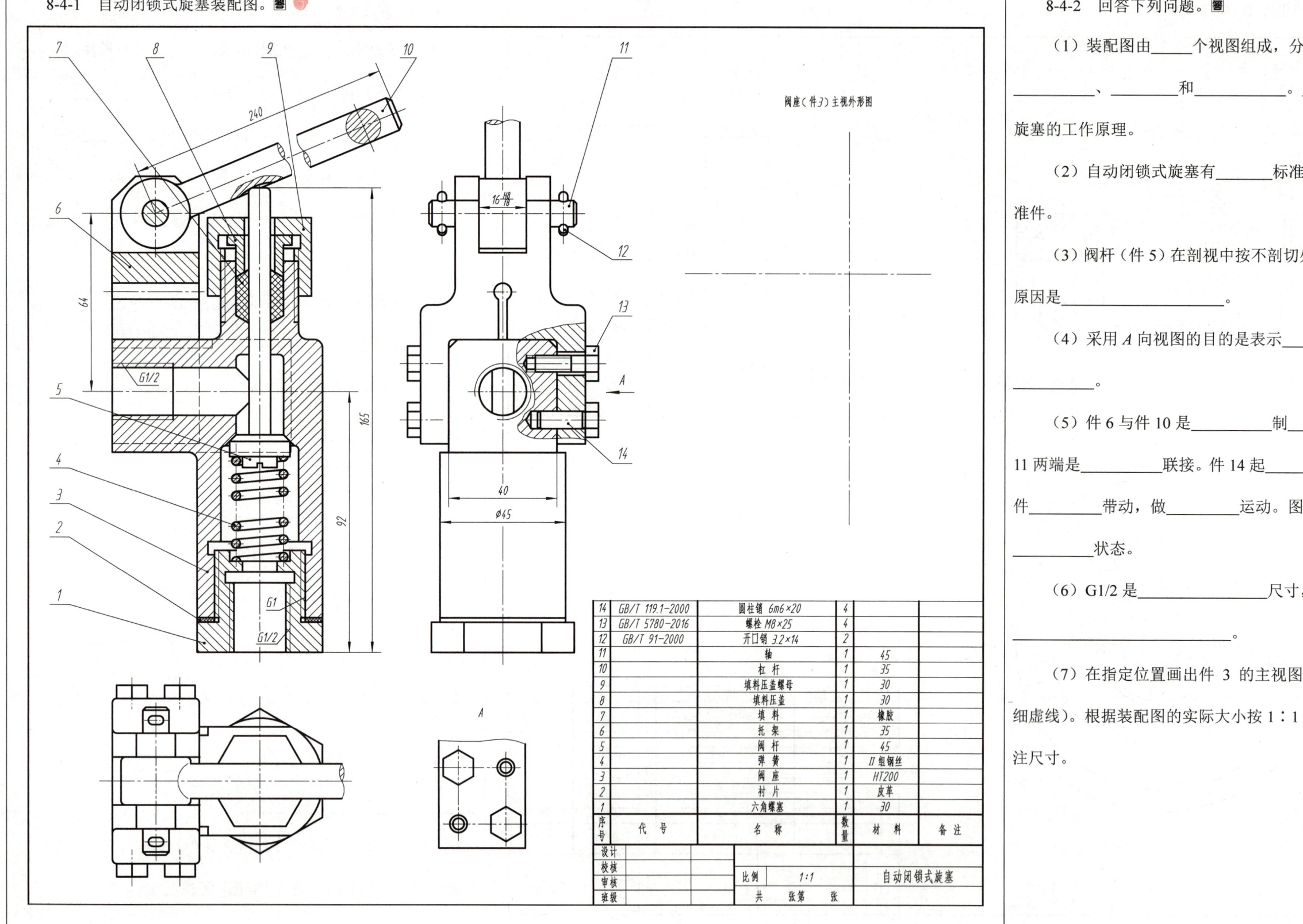

8-4-2 回答下列问题。

（1）装配图由_____个视图组成，分别为_____、_____、_____和_____。_____视图反映了旋塞的工作原理。

（2）自动闭锁式旋塞有_____标准件，_____非标准件。

（3）阀杆（件5）在剖视中按不剖切处理，仅画出外形，原因是_____。

（4）采用A向视图的目的是表示_____。

（5）件6与件10是_____制_____配合。件11两端是_____联接。件14起_____作用。件5由零件_____带动，做_____运动。图中所示该装配体为_____状态。

（6）G1/2是_____尺寸，它的含义_____。

（7）在指定位置画出件3的主视图（只画外形，不画细虚线）。根据装配图的实际大小按1∶1的比例画图，不标注尺寸。

8-5 阅读齿轮泵装配图

8-5-1 齿轮泵装配图。

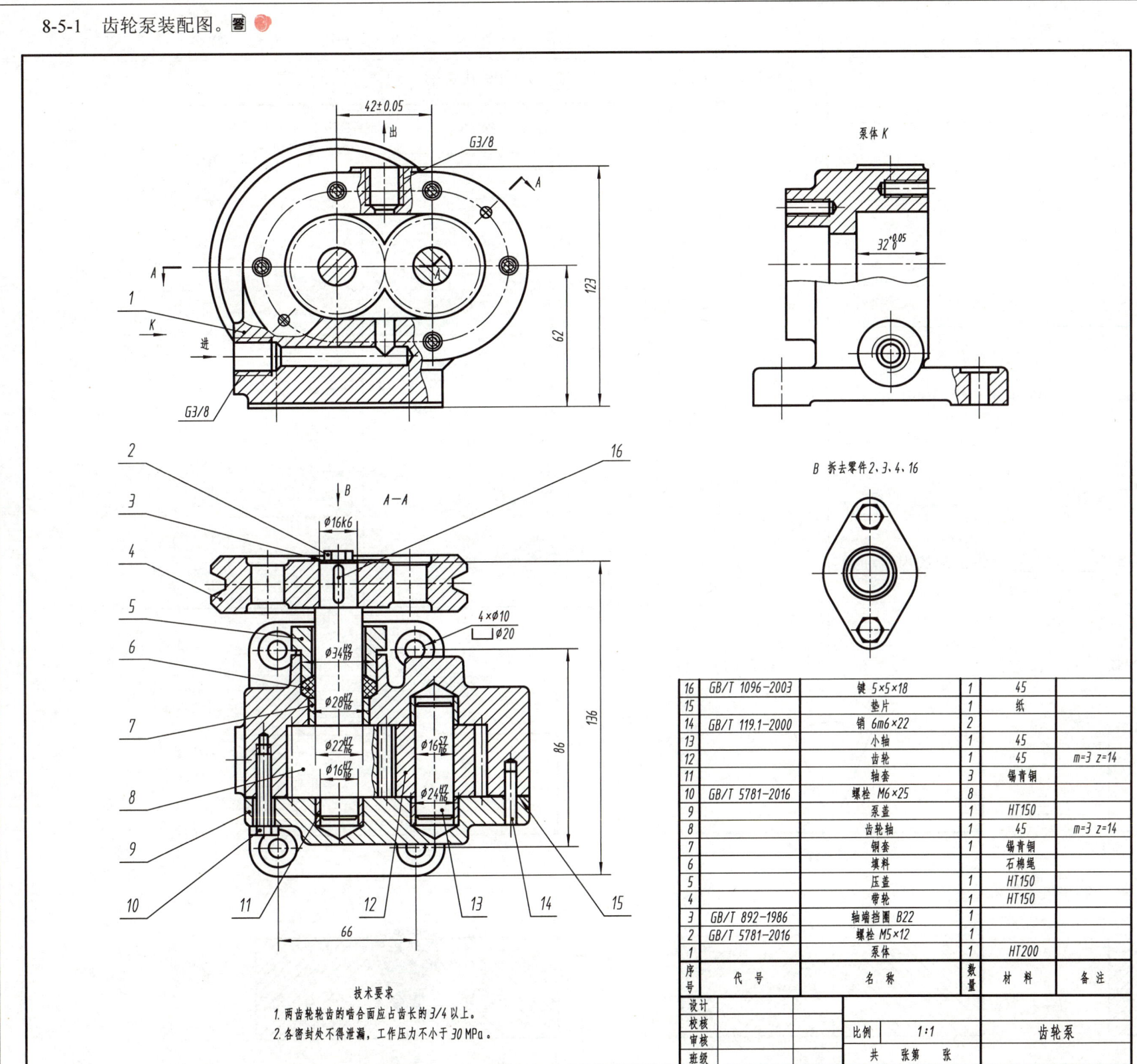

8-5-2 回答下列问题。

（1）主视图中采用的是_____剖视图，俯视图采用的是_____剖视图，A—A 是_____的剖切方法。

（2）齿轮泵有_____标准件，_____非标准件。

（3）齿轮泵在工作时，哪些零件是运动件？_____。

（4）齿轮泵在工作时，齿轮轴（件8）_____转，小轴（件13）及齿轮（件12）_____转。提示：根据泵的进出口进行判断。

（5）件 5 与件 1 采用_____联接。

（6）$\phi 16S7/h6$ 的含义是：$\phi 16$_____，S 表示_____，h 表示_____，7、6 表示_____，该配合属于_____制_____配合。

（7）画出泵体（件 1）的俯视图（A—A 全剖视图），按图形大小 1∶1 的比例量取，不注尺寸。

注：齿轮泵工作原理参见教材图 8-20。

第九章　金属焊接图

9-1　完成下列题目　　　　　　　　　　　　　　　　　　　班级　　　姓名　　　学号

9-1-1　回答下列问题。

(1) 在金属焊接图样中，优先采用图示法？还是焊缝符号表示法？_____

(2) 完整的焊缝符号包括哪几项内容？_____

(3) 焊缝的"基本符号"表示焊缝_____的形式或特征。

(4) "补充符号"是必须要标出的吗？_____

(5) 这些阿拉伯数字代表哪些焊接方法？111：_____、212：_____、311：_____、84：_____

(6) 指引线箭头直接指向_____一侧，则将基本符号标在基准线的细实线上。

(7) _____时，可以在焊缝符号中标注尺寸。

(8) "焊脚尺寸"和"焊角尺寸"哪一个对？_____

(9) 坡口角度和坡口面角度是一回事吗？_____

(10) 什么样的焊缝称为"双面焊缝"？_____。什么样的焊缝称为"对称焊缝"？_____

9-1-2　写出下列符号的名称，并判断其类别（画"√"）。

符号	名称	类别	
		基本符号	补充符号
V			
○			
∨			
⌒			
‖			
⊓			
⟋			
▽			
⏢			
⌐			
⟋			
Y			
⌐			

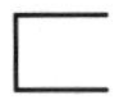

9-1-3　下列表示焊缝的视图和剖视图中，哪一幅是正确的？

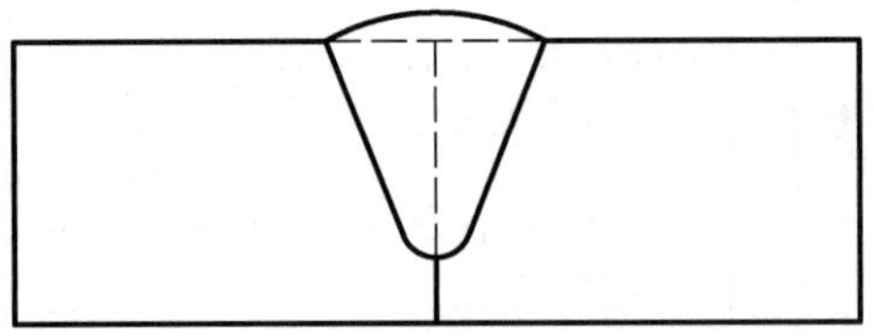

（正确、错误） 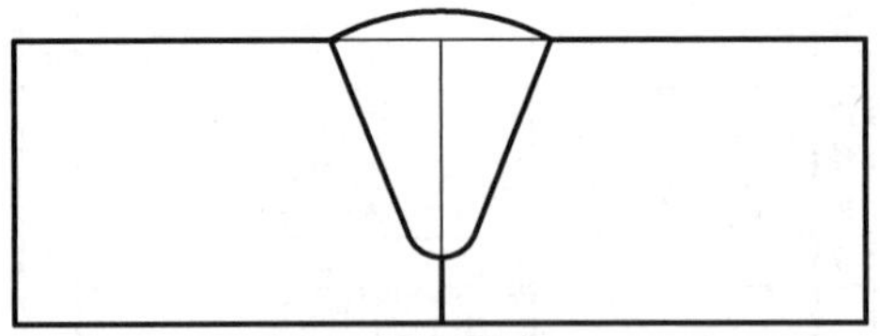　　　　（正确、错误） 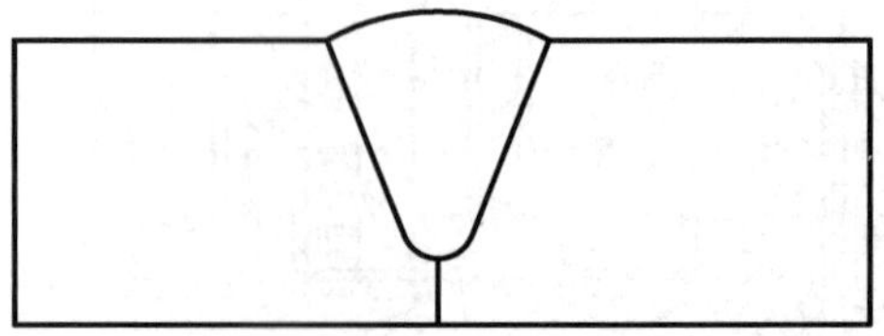　　　　（正确、错误）

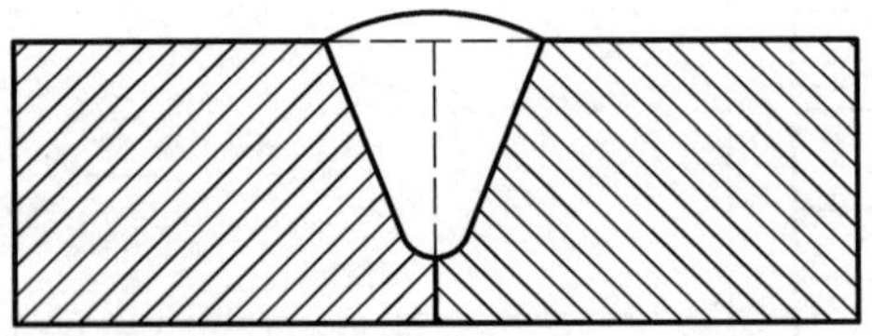

（正确、错误） 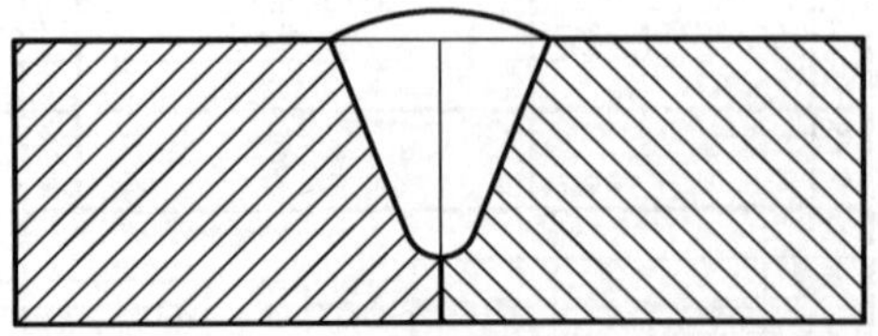　　　　（正确、错误） 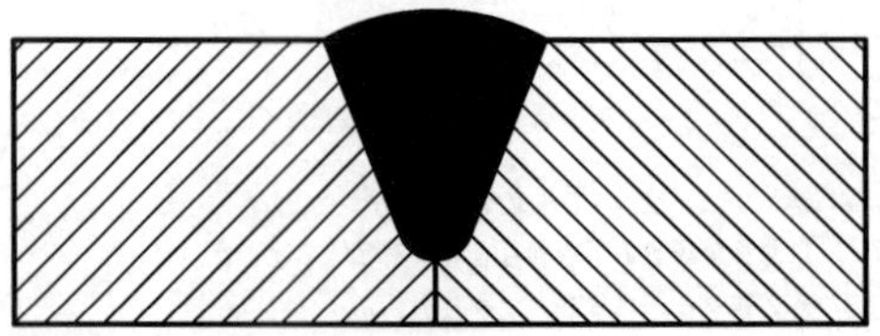　　　　（正确、错误）

9-2 判断焊缝符号标注是否正确；标注焊缝符号　　　　　　　班级　　　姓名　　　学号

9-2-1 在下列两组标注焊缝符号的图形中，哪一幅是正确的？

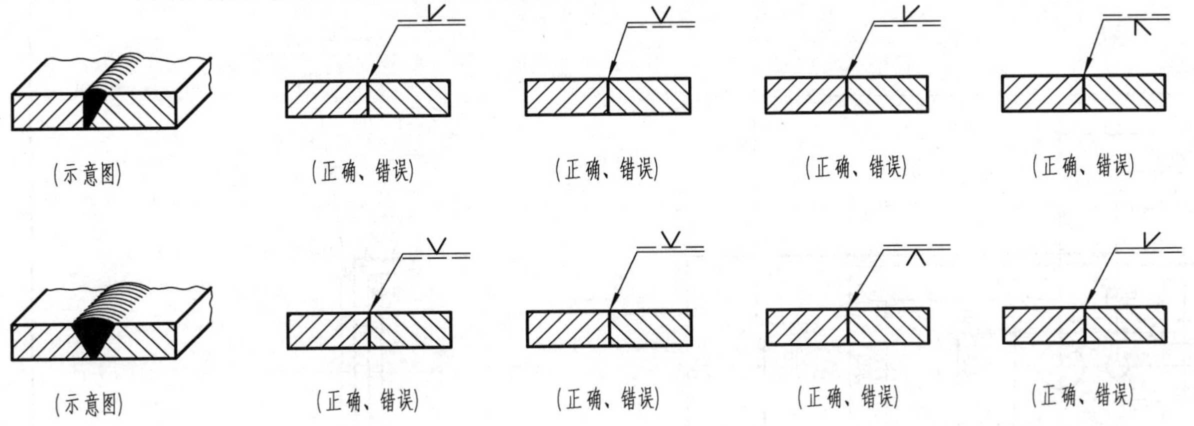

（示意图）　（正确、错误）　（正确、错误）　（正确、错误）　（正确、错误）

（示意图）　（正确、错误）　（正确、错误）　（正确、错误）　（正确、错误）

9-2-2 判断焊缝符号标注正确与否。

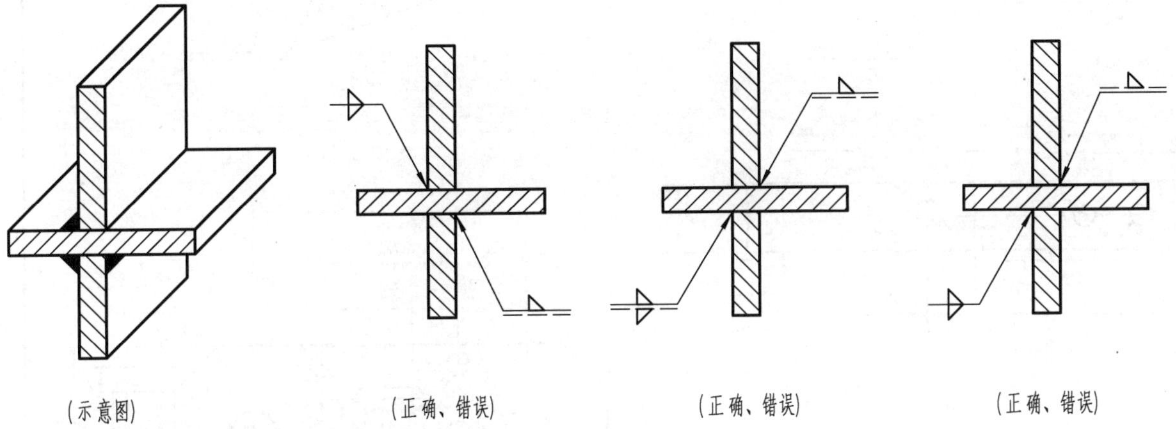

（示意图）　（正确、错误）　（正确、错误）　（正确、错误）

9-2-3 判断焊缝符号标注是否正确。

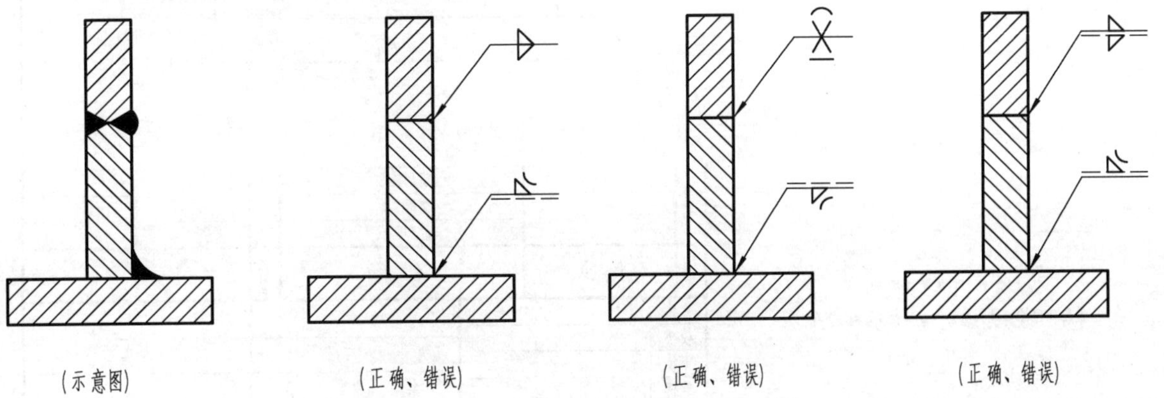

（示意图）　（正确、错误）　（正确、错误）　（正确、错误）

9-2-4 标注焊缝符号。

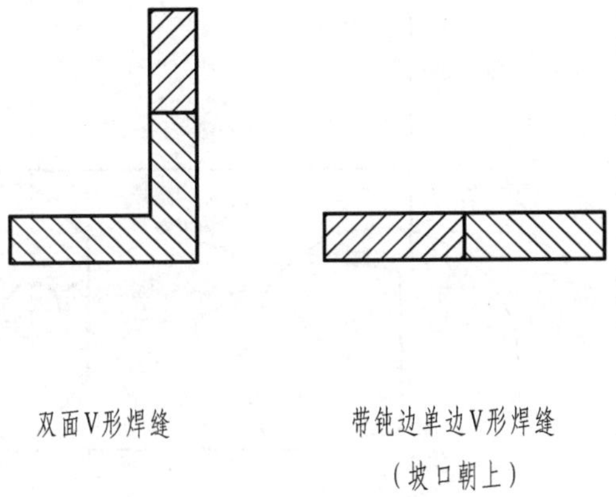

双面V形焊缝　　带钝边单边V形焊缝（坡口朝上）

9-2-5 角钢两外侧（上方和右侧）与底板在现场用焊条电弧焊进行焊接，$K=3\text{mm}$。试在图上画出焊缝，并标注焊缝符号。

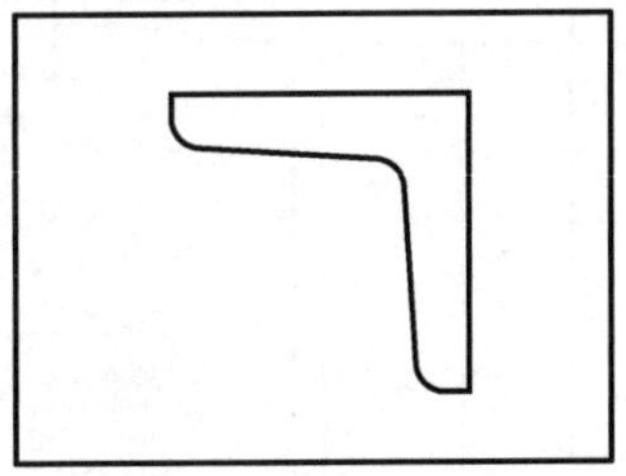

9-2-6 圆管外侧周围与底板焊接，焊接方法为氧乙炔焊，$K=4\text{mm}$。试在右侧视图中标注焊缝符号。

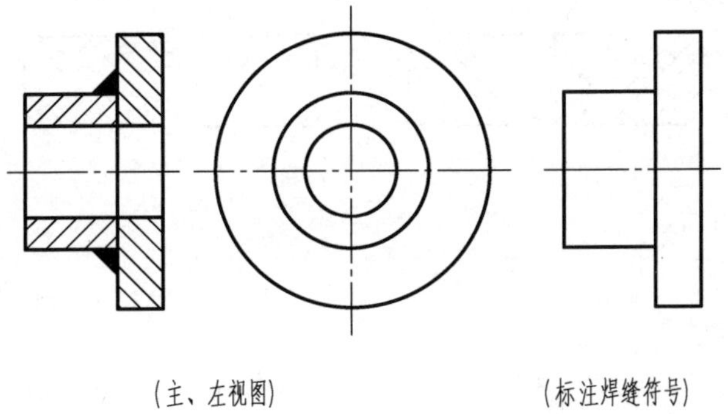

（主、左视图）　（标注焊缝符号）

9-2-7 左图所示焊缝为单面角焊缝，焊脚尺寸为4mm，其余尺寸如左图所示，试在右图中标注其焊缝。

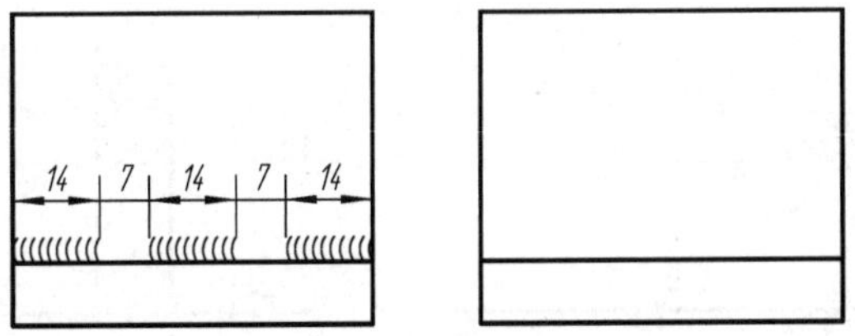

9-3 焊缝画法及标注；读金属焊接图

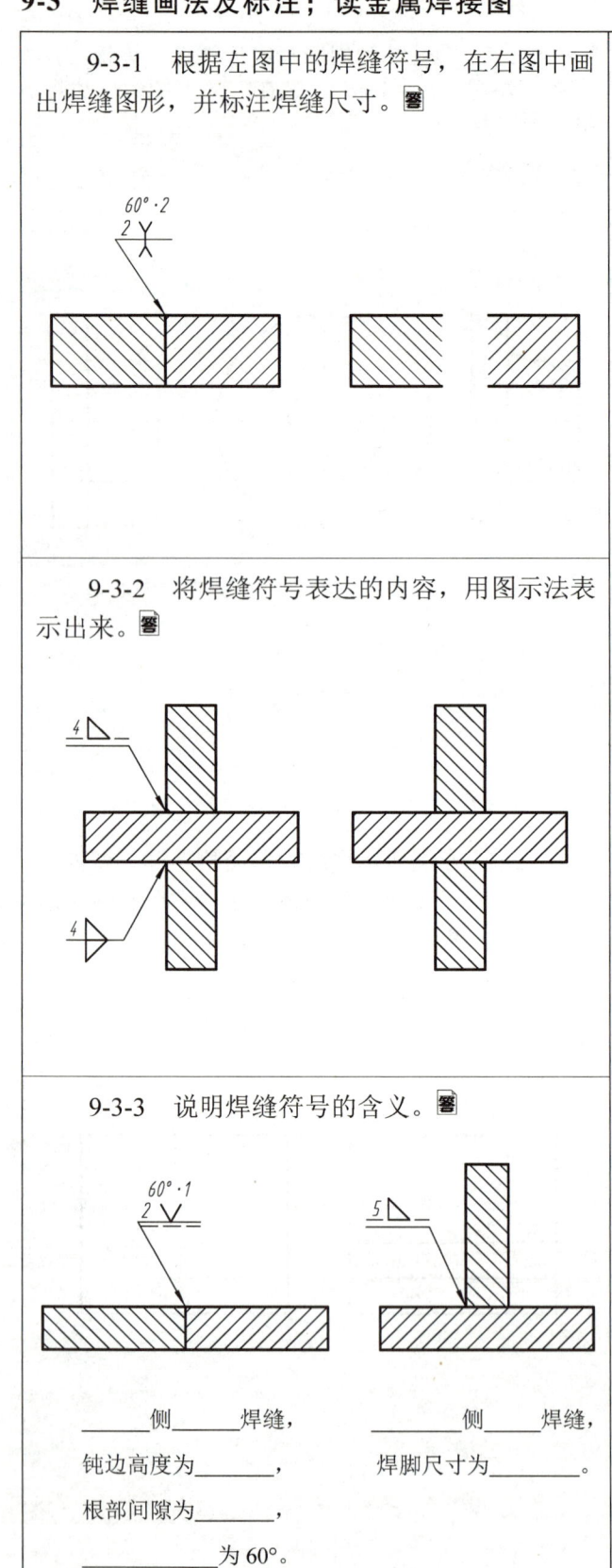

9-3-1 根据左图中的焊缝符号，在右图中画出焊缝图形，并标注焊缝尺寸。

9-3-2 将焊缝符号表达的内容，用图示法表示出来。

9-3-3 说明焊缝符号的含义。

____侧____焊缝，
钝边高度为____，
根部间隙为____，
____为60°。

____侧____焊缝，
焊脚尺寸为____。

9-3-4 读上框架梁焊接图，说明图中5处焊缝标注的含义，并画出 A—A、B—B、C—C 三个断面图。

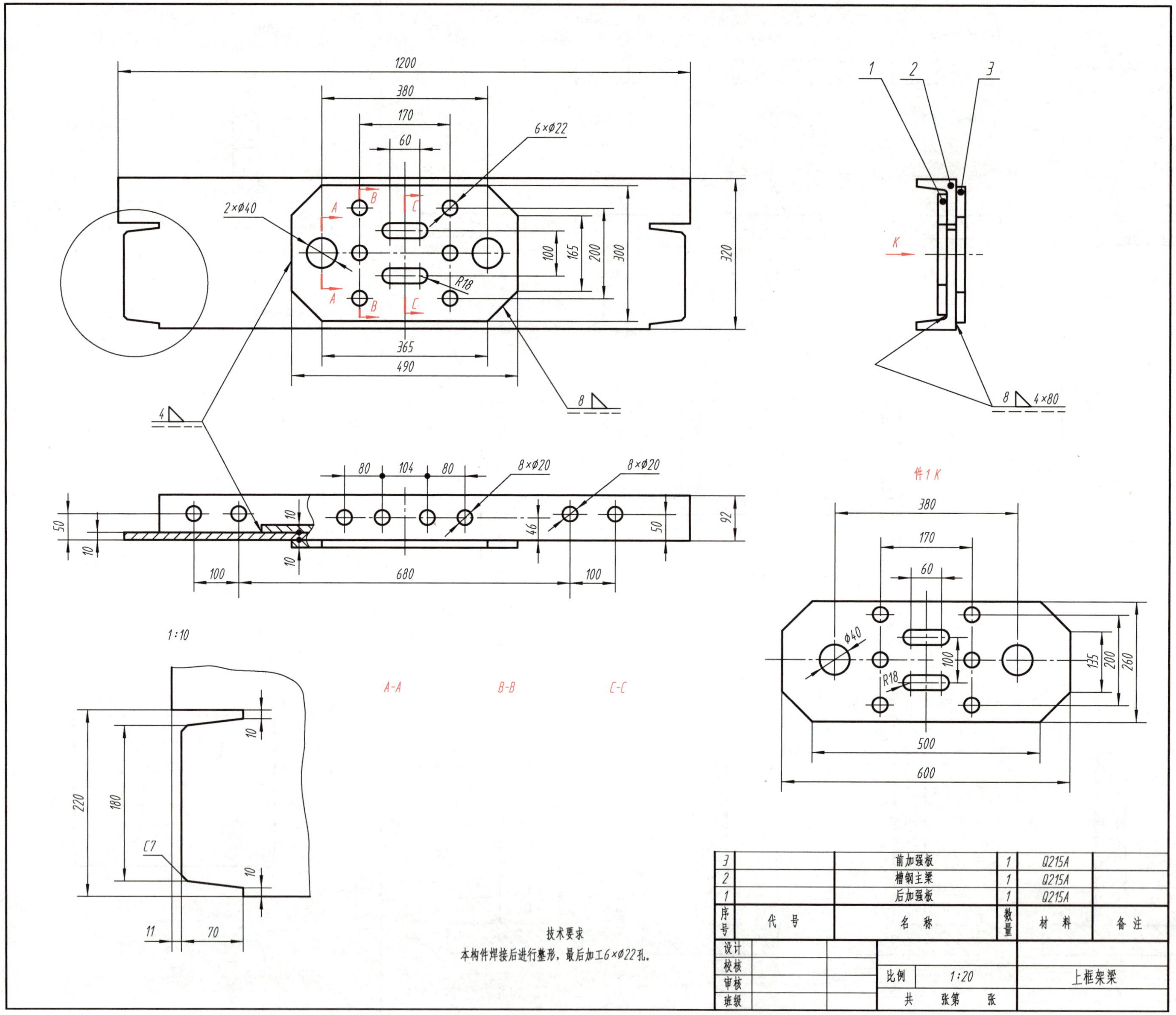

技术要求
本构件焊接后进行整形，最后加工6×⌀22孔。

3		前加强板	1	Q215A	
2		槽钢主梁	1	Q215A	
1		后加强板	1	Q215A	
序号	代号	名称	数量	材料	备注

比例 1:20　上框架梁

第十章 建筑施工图

10-1 复习建筑施工图内容，按要求完成下列题目

班级　　　姓名　　　学号

10-1-1 回答下列问题。

（1）按房屋的基本组成和作用，可将其分为_____结构、_____结构、_____结构、_____结构、_____结构和_____结构。

（2）一套建筑施工图包括_____、_____图、_____图和_____图、_____图、_____等。

（3）常以建筑物的首层室内地面作为零点标高，注写成_____；建筑标高要求注写到小数点后第_____位。

（4）建筑施工图中的尺寸以_____为单位，而表示楼层地面的标高以_____为单位。

（5）在平面图中，门的代号用_____表示，窗的代号用_____表示。

（6）在平面图和剖面图中，与剖切平面接触的轮廓线用_____线表示，其余可见轮廓线用_____线或_____线表示，定位轴线用_____线表示。

（7）在立面图中，最外轮廓线用_____线表示，门窗洞、台阶等主要结构用_____线表示，其他次要结构用_____线表示，地坪线用_____线表示。

10-1-2 回答下列问题。

（1）一般房屋有四个立面，通常把反映房屋主要出入口的立面图称为_____图，其背后的立面图称为_____图，左、右侧的立面图各称为_____图和_____图。

（2）建筑物的朝向是根据房屋主出入口所对方向确定的，一般根据房屋朝向将立面图分为_____图、_____图、_____图和_____图。

（3）建筑施工图中的_____，相当于机械图样中的主视图；建筑施工图中的_____相当于机械图样中的俯视图；建筑施工图中的_____，相当于机械图样中的剖视图。

（4）定位轴线编号的圆圈用_____线绘制，其直径为_____mm。在平面图上，横向编号采用_____从左向右依次编写；竖向编号用_____自下而上顺序编写。

（5）立面图最外轮廓线用_____线表示，门窗洞、台阶等主要结构用_____线表示，其他次要结构（如窗扇的开启符号、水刷石墙面分格线、雨水管等）用_____线表示。

10-1-3 加深平面图中的图线；注写轴线的编号；根据图中已有的尺寸，补全图中所缺的尺寸（轴线位于墙的中间）；注写门（M）、窗（C）的编号。

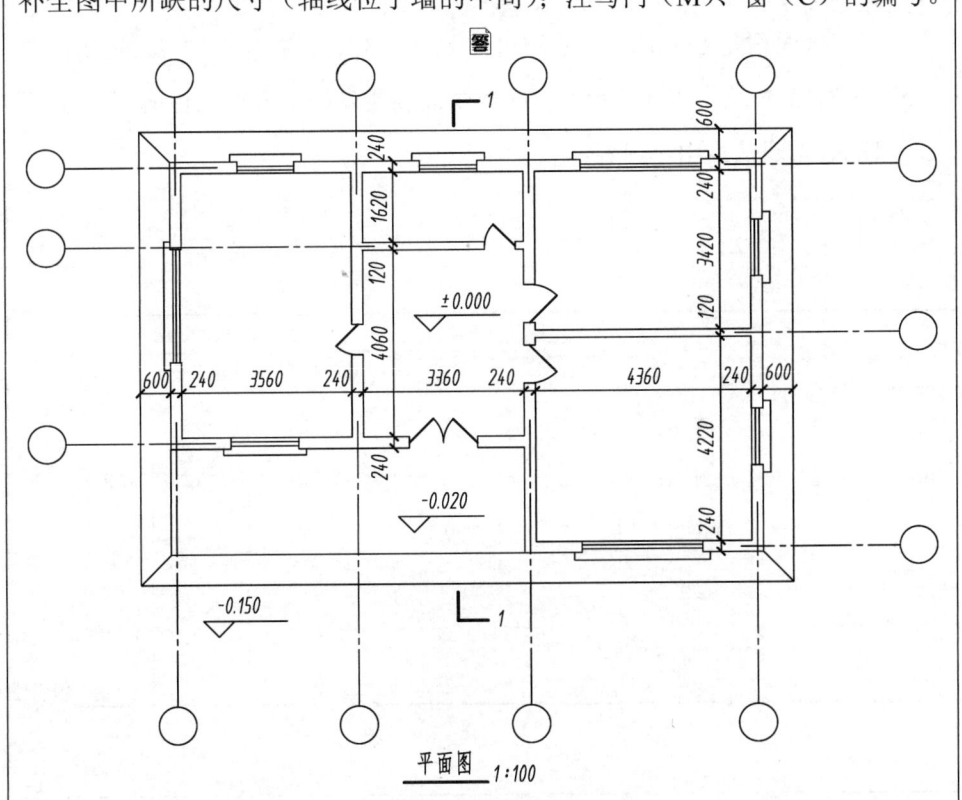

平面图　1:100

10-1-4 根据建筑制图标准的规定，加深南立面图和西立面图中的图线；注写轴线编号；注写标高尺寸；参照题 10-1-3 平面图，绘制 1-1 剖面图。

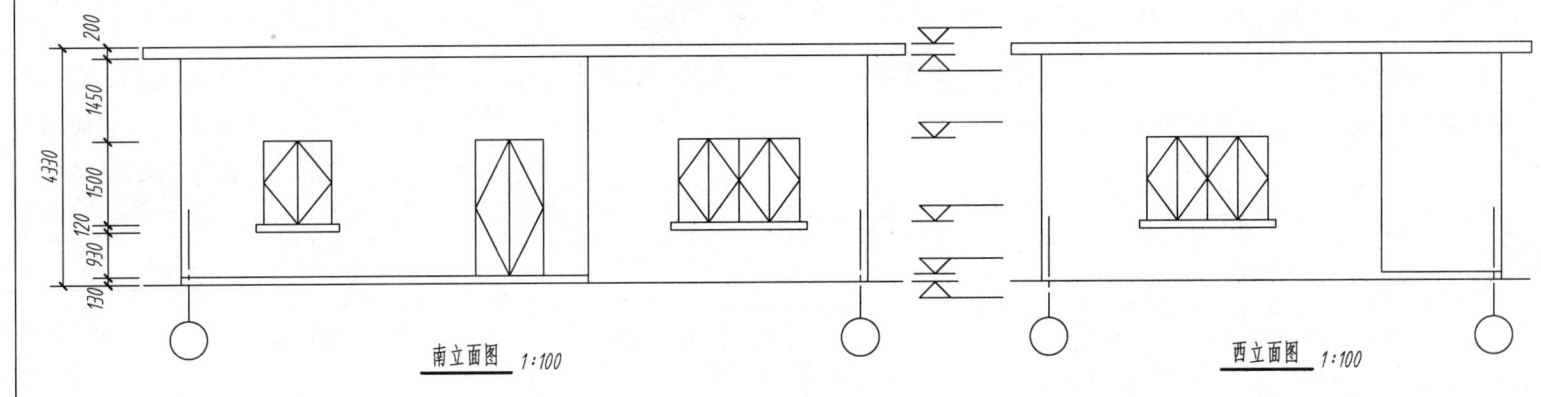

南立面图　1:100　　　西立面图　1:100

1-1 剖面图　1:100

第十一章 电气专业制图

11-1 按要求完成下列各题

班级　　　姓名　　　学号

11-1-1 回答下列问题。

（1）电气图是指_____，_____；电路图是指_____。

（2）电气图所用的图形符号通常由_____、_____、_____组成。

（3）电气图中的文字符号，分为_____文字符号和_____文字符号。基本文字符号又分为_____符号和_____符号。

（4）在"=P1-Q1+C13S2M11：A"中，_____为高层代号，_____为种类代号，_____为位置代号，_____为端子代号。

（5）下列项目代号的含义是：

"-S1：A"表示_____

"=A1-K1+C8S1M4"表示_____装置的继电器_____，其位置在_____区间_____操作柜_____中。

11-1-2 回答下列问题。

（1）在系统图和框图中的方框符号间的连接线，当方框符号用点画线框绘制时，其连接线接到该_____；当方框符号用实线框绘制时，连接线接到该_____。

（2）系统图和框图中的电连接线，用与图中图形符号相同的_____表示，必要时，可将表示电源电路和主信号电路的连接线，用_____表示；而机械连接线一般用_____表示；非电过程流向的连接线采用明显的_____表示。

（3）某照明系统图中的线路旁标注"BLX500（3×6+1×4）DG40-QA"，其中"BLX"表示导线型号为_____，电压等级为_____V，（3×6+1×4）表示有_____根截面为_____mm^2和_____根截面为_____mm^2的导线，"DG40"表示_____敷设，管径为_____mm，"QA"表示_____。

（4）电气照明平面图中灯具旁标注"20-T $\frac{1\times40}{2.8}$ R"，其中"20"表示灯具数为_____，"T"表示灯具型号为_____，"1×40"表示灯泡数为_____个、瓦数为_____，"2.8"表示_____，"R"表示安装方式为_____。

11-1-3 表示两个以上单元间线缆连接情况的图和表，称为互连接线图和互连接线表。

下面互连接线图中的=A（=B、=E、=F）是_____代号，-X_1（-X_2）是_____代号。

把互连接线图中用连续线（其中的长形圆框及旁边的文字，标为线缆的规定符号）表示的部分，改为用从属远端标记的中断线表示。

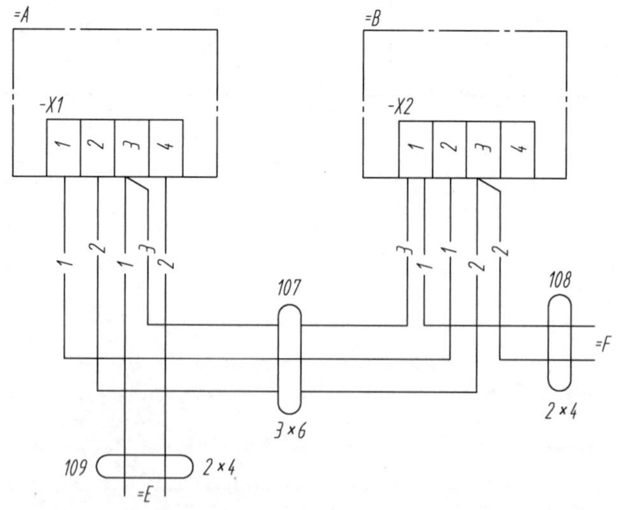

11-1-4 下表是题 11-1-3 中 107 号线缆的互连接线表。

107 号线缆是 3 芯线缆，每芯截面积是 6mm^2，线号分别为 1、2、3。现假设 109 号线缆的 1、2 号线分别与项目代号为+E-X_3的 2、3 号端子相连，请在 107 号线缆接线表的下方相应栏内填上 109 号线缆的各项（对应项目代号+E-X_3 为连接点Ⅲ）内容。

109 号线缆型号是 XQ。

线缆号	线缆型号规格	线号	连接点 Ⅰ			连接点 Ⅱ（Ⅲ）		
			项目代号	端子号	参考	项目代号	端子号	参考
107	XQ-（3×6）mm^2	1	+A-X_1	1		+B-X_2	2	
		2	+A-X_1	2		+B-X_2	3	108.2
		3	+A-X_1	3	109.1	+B-X_2	1	108.1
109								

第十二章 AutoCAD Mechanical 软件的基本操作及应用

11-2 阅读控制电路图

回答问题。

下图为一台电动机的控制电路图。其中：

"FU"表示_____；

"SB1"为_____按钮；

"SB2"为_____按钮；

"SB3"为_____按钮。

当合上开关 QS、按下按钮 SB2 后，接触线圈 KM_____电，其常开主触点_____，电动机_____；

当松开按钮 SB2 后，线圈 KM_____，其常开主触点_____，电动机_____；

当按下按钮 SB3 后，中间继电器 KA 线圈_____，其常开触点 KA_____，其一自锁，其二使接触器线圈 KM_____，KM 的常开主触点_____，电动机_____；

松开按钮 SB3 后，电动机_____，要想使其停止运转，需按按钮_____。

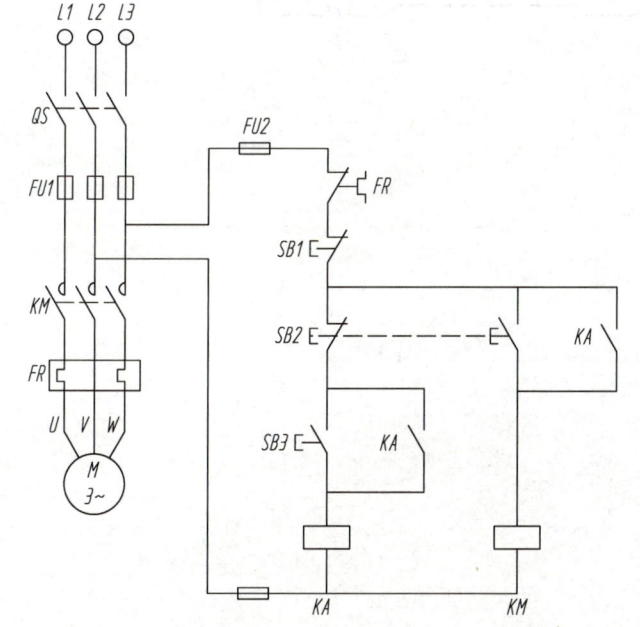

12-1 上机练习题：抄画平面图形

班级___ 姓名___ 学号___

12-1-1 按 1∶1 的比例抄画平面图形，不注尺寸。

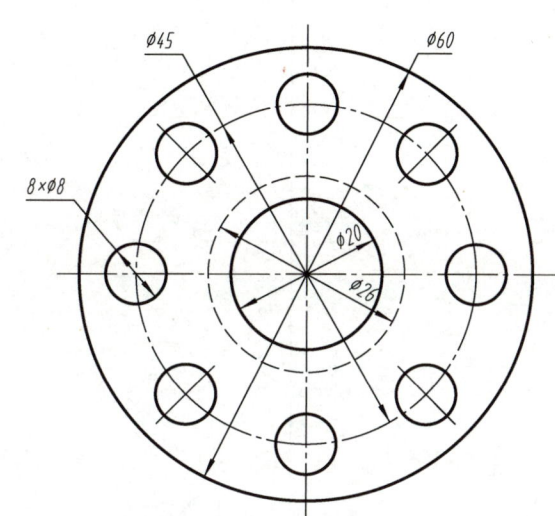

12-1-2 按 1∶2 的比例抄画平面图形，不注尺寸。

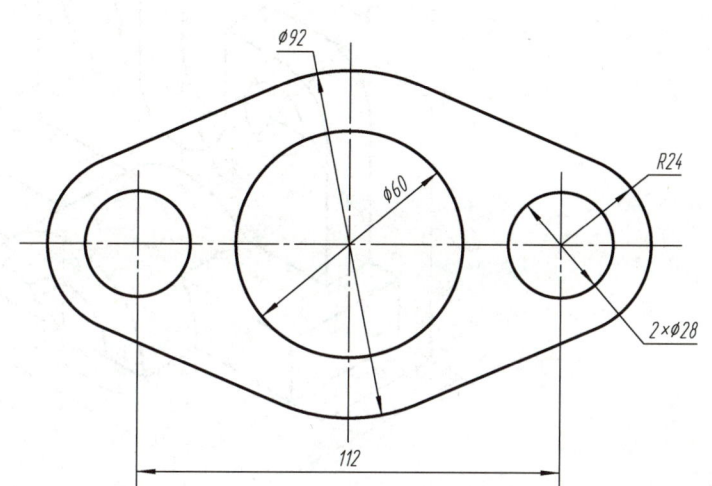

12-1-3 按 1∶1 的比例抄画平面图形，并标注尺寸。

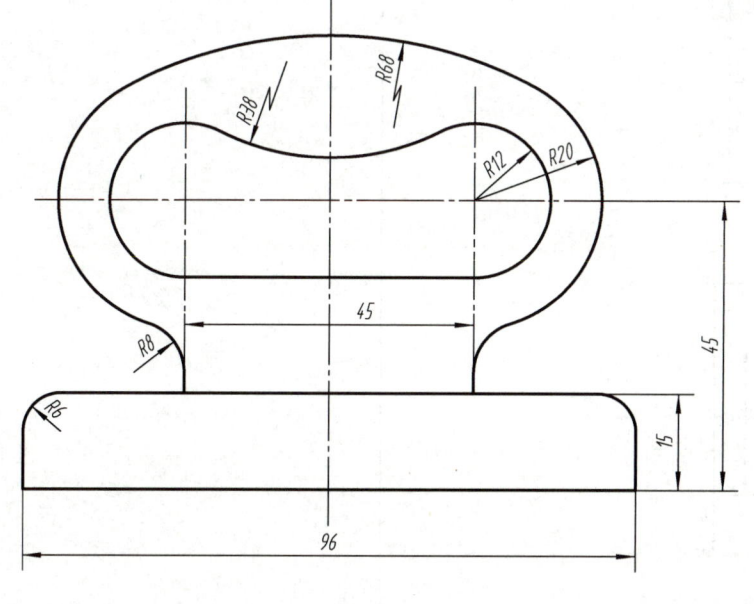

12-1-4 按 1∶2 的比例抄画平面图形，并标注尺寸。

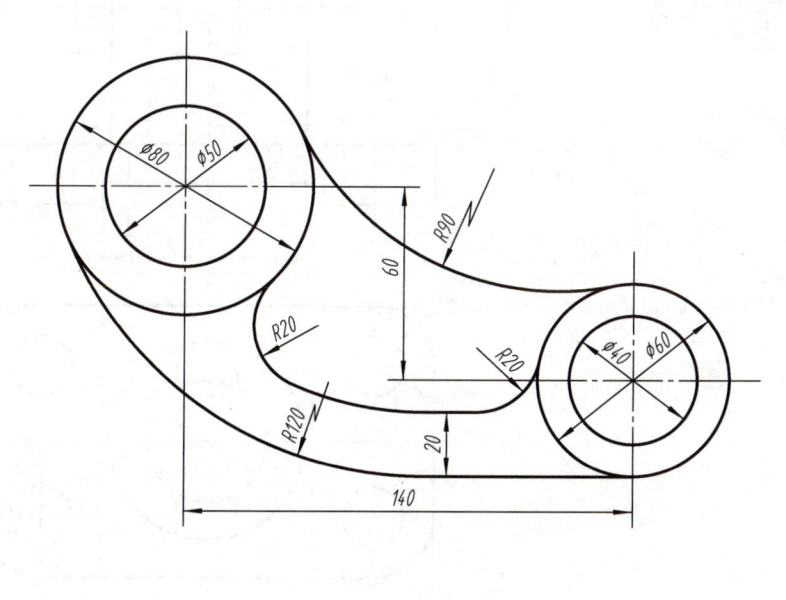

12-2　上机练习题：根据题目要求，绘制三视图，补画剖视图

12-2-1　根据轴测图绘制三视图，不注尺寸。

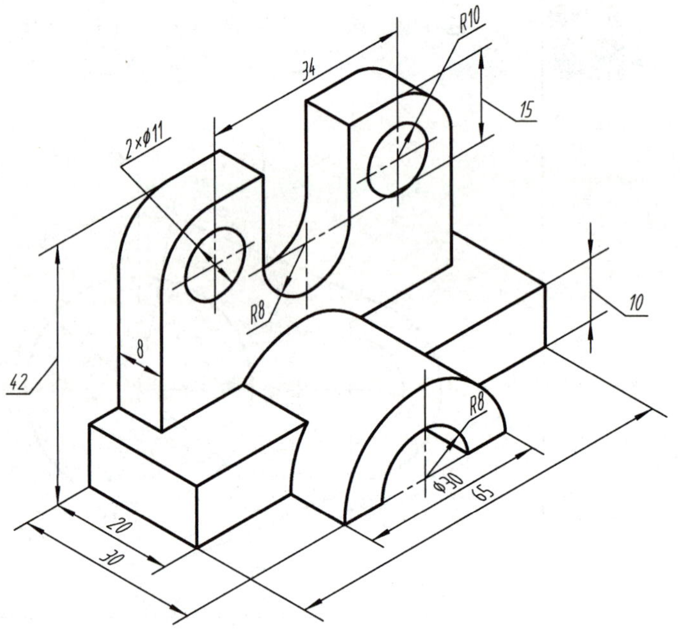

12-2-2　根据主、俯视图，补画半剖的左视图，不注尺寸。

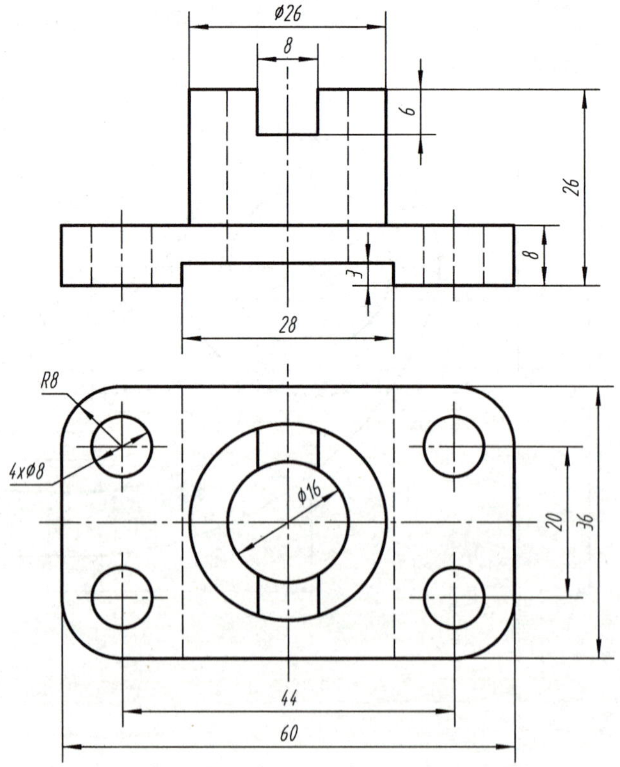

12-2-3　根据定滑轮装配示意图（题12-3-1），按1∶1的比例绘制定滑轮装配图。标注序号，不标注尺寸。

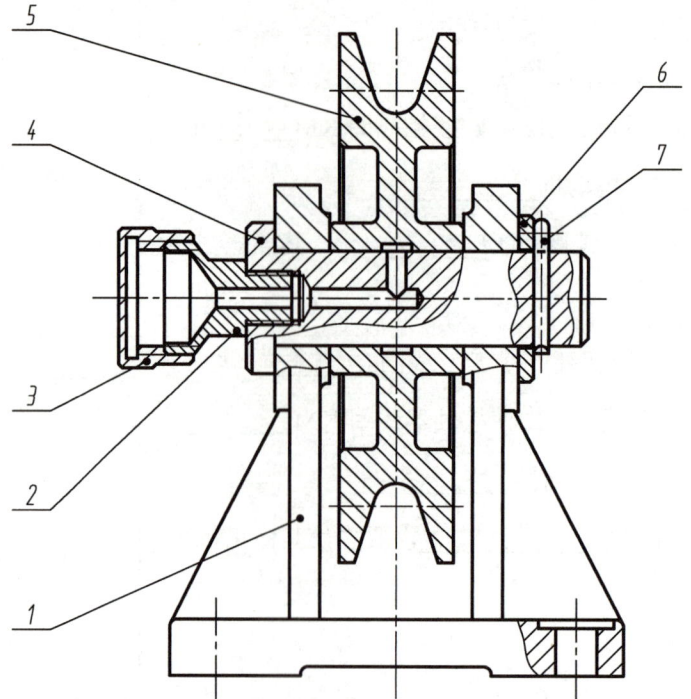

12-3 上机练习题：根据定滑轮装配示意图，按 1∶1 的比例绘制定滑轮装配图，标注序号不标注尺寸

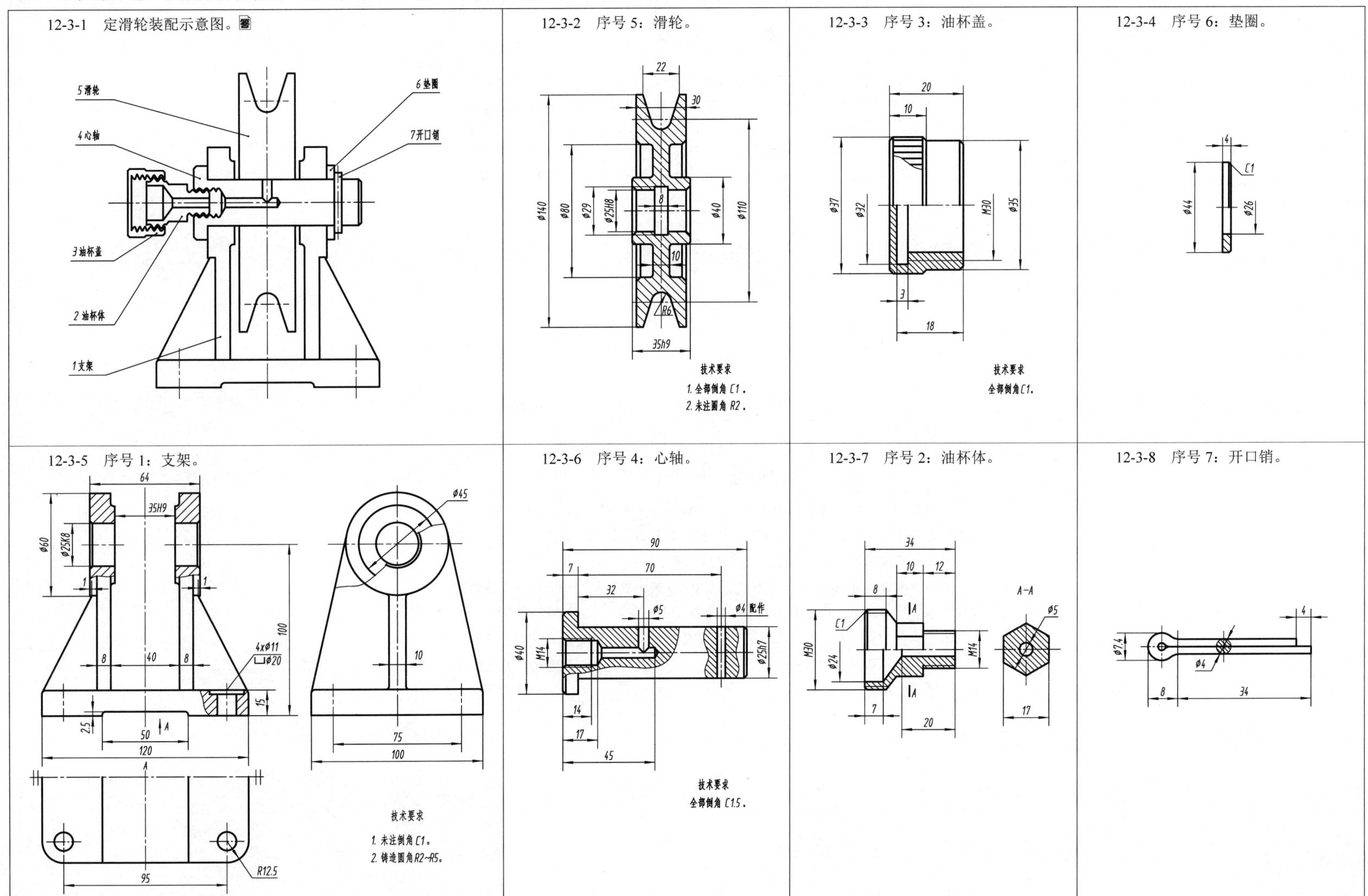

参 考 文 献

[1] 闻邦椿. 机械设计手册 [M]. 6版. 北京：机械工业出版社，2018.
[2] 成大先. 机械设计手册 [M]. 6版. 北京：化学工业出版社，2016.
[3] 焦永和，张彤，张昊. 机械制图手册 [M]. 6版. 北京：机械工业出版社，2022.
[4] 胡建生. 工程制图习题集 [M]. 7版. 北京：化学工业出版社，2022.
[5] 胡建生. 机械制图习题集：少学时 [M]. 5版. 北京：机械工业出版社，2023.

郑 重 声 明

机械工业出版社有限公司依法对本书享有专有出版权。任何未经许可的复制、销售行为均违反《中华人民共和国著作权法》，其行为人将承担相应的民事责任和行政责任，构成犯罪的，将被依法追究刑事责任。

本书的配套资源《(本科)工程制图与CAD教学软件》中所有电子文件的著作权归本书作者所有，并受《中华人民共和国著作权法》及相关法律法规的保护；未经本书作者书面授权许可，任何人均不得复制、盗用、通过信息网络等途径进行传播。否则，相关行为人将承担民事责任和行政责任，构成犯罪的，将被依法追究刑事责任。